Die Kunst des klaren Handelns

52 Irrwege, die Sie besser anderen überlassen

明智行动的艺术

成功决策必须避免的52个思维陷阱

[德]罗尔夫·多贝里——著
(Rolf Dobelli)
刘菲菲——译

中信出版集团 · CHINACITICPRESS · 北京

图书在版编目（CIP）数据

明智行动的艺术 /（德）多贝里著；刘菲菲译. --
2 版. -- 北京：中信出版社，2016.8（2024.1 重印）
书名原文：Die Kunst des Klugen Handelns: 52 Irrwege die Sie besser anderen überlassen
ISBN 978–7–5086–6472–9

I. ①明⋯ II. ①多⋯ ②刘⋯ III. ①思维形式－通俗读物 IV. ①B804-49

中国版本图书馆CIP数据核字（2016）第 165830 号

明智行动的艺术

著　　者：[德] 罗尔夫 · 多贝里
译　　者：刘菲菲
出版发行：中信出版集团股份有限公司
（北京市朝阳区东三环北路 27 号嘉铭中心　邮编　100020）
承 印 者：北京通州皇家印刷厂

开　　本：880mm×1230mm　1/32　　印　　张：7　　字　　数：88 千字
版　　次：2016 年 8 月第 2 版　　印　　次：2024 年 1 月第 14 次印刷
京权图字：01–2013–0965
书　　号：ISBN 978–7–5086–6472–9
定　　价：42.00 元

服务热线：400–600–8099
投稿邮箱：author@citicpub.com

目录

前言

教皇问米开朗基罗："请告诉我你才华横溢的秘密，你是如何创造出《大卫》这一经典雕像的？"米开朗基罗答道："很简单，我把所有不是大卫的大理石都去除，大卫就诞生了。"

让我们都诚实一点。我们并不是很明确地知道什么使我们成功，也并不是很明确地知道什么使我们幸福，但我们很清楚地知道什么会破坏成功和幸福。负面认识（不该做什么）比正面认识（应该做什么）的影响更大——这个道理很简单，也很基本。

我们就要像米开朗基罗那样，更清醒地去思考，更明智地去行动。这意味着不是专注于大卫，而是专注于其他一切不属于大卫的内容并去除它们。用我们的话说就是要清除所有思维和行动的干扰因素，这样就会更好地思考和行动。

古希腊人、古罗马人和中世纪的思想家称这一方式为"否定方式"（Via Negativa）。字面上的意思是：负面的途径，放弃的、舍弃的、削减的途径。神学第一个对否定方式做了诠释：“人们并不能说出上帝是什么样，只能说出上帝不是什么样。”套用我们今天的情况来说就是，我们不能说出什么使我们成功，只能说出什么会阻碍或破坏成功，其他的我们其实不必知道。

作为公司创始人和企业家，我自己也常常会陷入很多思考的困境，幸运的是我总能将自己从中解放出来。今天在给很多医生、董事、监事、经理、银行家、政治家或政客做讲座时，我感觉自己和他们很相似，感觉自己和他们是坐在同一条船上——因为我们都在划着桨，努力在生活这条长河中前行且不被它的漩涡吞噬。理论家往往不能明白这种否定方式，相反实践者却很理解它。传奇的投资家沃伦·巴菲特这样描述自己和他的合作伙伴查理·芒格：“我们没有在经商中学会解决难题，我们只学会了去避开难题。”这就是所谓的否定方式。

继《清醒思考的艺术》之后是这本《明智行动的艺术》。你可能会问：思维的错误和行动的错误有何区别？很坦白地说，其实没有区别。我需要给上一本书后续的52个章节定一个书名，并且觉得这个名字很合适。本书的文章仍来自我为《时间报》、《法兰克福汇报》和《瑞士星期天报》所写的专栏。把两本书放在一起，就是对大约100个最严重的思维错误的解析。

我的愿望很简单：如果我们能成功地避开这些最严重的思维错误——无论是在个人生活中，还是在职业决策或政治决策上——我们的幸福将会有一个量的提升。

总而言之：我们不需要额外的智慧、新的想法或更多的行动，我们只要更少的愚蠢。这条提升之路是通过否定方式实现的。米开朗基罗知道这个道理，在他之前的亚里士多德也认识到了这一点：“智者的目标不是获得幸福，而是避开不幸。”如今你也有机会加入智者的行列。

1 为什么很差的理由往往也能用

用理由辩护

巴泽尔和法兰克福之间的高速公路发生拥堵，原因是人们在整修道路。我很生气，烦躁地在逆行车道上蹭着前行了 15 分钟，直到开出拥堵的地段——我也只是自认为开出了拥堵地段。半个小时之后，路又被堵住不能前进，还是因为道路整修。但奇怪的是这次我没怎么生气。路边以相同的间隔立着些牌子，上面写着：我们在为您整修高速公路。

这个堵车的故事使我想起了哈佛大学心理学家埃伦 · 兰格在 20 世纪 70 年代进行的实验。她在图书馆里等复印机前排起长队时，问排在最前面的人："不好意思，我只有 5 页要复印，你可以让我先复印吗？"很少有人会同意。她接着做实验，这次她找了一个理由："不好意思，我只有 5 页要复印，你可以让我先复印吗？因为我赶时间。"几乎每一次被问到的人都会同意她先复印。这是可以理解的，因为赶时间是个很好的理由。令人吃惊的是接下来的实验，她还是等复印机前排起长队时去问排在最前面的人:“不好意思，我要复印 5 页，可以让我站在你前面吗? 因为我想复印。”几乎所有被问到的人都同意了，尽管这个理由很可笑，因为每个在排队的人都想复印。

如果我们给自己的行为一个理由，就会得到更多的理解和支持。令人吃惊的是，理由是否充分并不那么重要，只要有“因为”这个简单的词就够了。一块通知“我们在为你整修高速公路”的牌子其实完全是多余的，因为在高速公路上搭起工事还能有什么原因，我们从车窗向外瞥一眼就会知道是什么情况，但是说出一个理由会让我们感到平静。相反如果没有这个“因为”，我们会觉得烦躁。

在法兰克福机场，航班登机时间推迟了。机场不停地在广播:“航班LH1234 晚点 3 个小时。”我到登机处询问原因却未得到答复，我那时非常生气地说:“太气人了，都不让我们这些候机的乘客知道原因！”还有一次，机场广播是这么说的:“航班LH6578 因为内部原因晚点 3 个小时。”这是个什么都没说明白的理由，但却足以让我和其他乘客感到安慰。

人类对“因为”是上瘾的，我们需要这个词，即使它后面跟着的内容并非无懈可击。当领导的人都知道，如果没有给员工一个“因为”，他们的动力就会变小。如果只宣布你创立的制鞋公司的目标在于生产鞋是不够的——尽管的确是这个目标，但表达出来的目标应该类似于，“我们要用我们制造的鞋引起市场变革（就像经常说的那样）”，或者“我们要使女人的腿变得更纤美，使世界变得更美”。

如果股票交易指数上升或下降了半个点，交易所的评论员绝对不会如实写道：这是市场持续大幅的波动所导致的意外结果。读评论的人想要一个原因，评论员要给出这个原因——至于是什么完全不重要（中央银行行长的表述就特别受欢迎）。

如果你被问到为什么错过了最后期限，你最好回答："因为我很遗憾地没有赶上。"这是个多余的信息（因为如果你赶上了也就不会错过最后期限），但这个理由往往很容易被接受。

有一次我看到妻子很仔细地把黑色和蓝色的衣服分开洗，在我看来这没有意义，因为我觉得两件衣服都不会掉色。我问她："你为什么要把蓝色和黑色的衣服分开洗？"她说："因为我想分开洗。"这个回答对我来说就足够了。

结论：必须要有"因为"，这个不起眼的词是人与人之间交流的润滑剂。你要尽可能多地去使用它。

2 为什么做的决定越少，效果会越好

选择疲劳症

你用了一周的时间制订项目计划，累得精疲力竭。你已经润色加工了演示文稿，核对了Excel（微软公司开发的一款试算表办公软件）表格的每一行内容。介绍讲述的内容也有着十分清晰的逻辑，引人入胜。对你来说，一切成败都取决于这个项目。因为公司总裁给了你承诺，如果项目成功，你可以升入集团的领导层；如果项目被驳回，你就只能另谋高就。关于演讲的时间，助理给了你如下的建议：8 点、11 点或 18 点。你会选择哪个时间？

心理学家罗伊 · 鲍迈斯特[1]曾经在一张桌子上摆满了价值不高的小物件，从网球、蜡烛、T恤衫、口香糖到可乐。他把他的学生分成两组，第一组他称为“须做决定者”，第二组为“无须做决定者”。他对第一组的人说：“每一次我会随意展示两件物

---

① 罗伊 · 鲍迈斯特与约翰 · 蒂尔尼合著的《意志力》中文版由中信出版社于 2012 年 6 月出版。——编者注

品，你们要决定更喜欢其中哪一件。我会根据你们的选择在实验结束时送给你们其中一件物品。”他对第二组的人说：“写下看到每件物品时你们想到了什么，我会在实验结束时送给你们一件物品。”这件事情做完之后，两组学生都必须立即将手伸入冰凉的水中并要尽可能地坚持。这在心理学上是测评意志力和自律的经典方法，因为这需要用意志力来抵制想把手从冷水中抽出的自然冲动。实验的结果是，第一组“须作决定者”比第二组“无须作决定者”坚持的时间要短。集中做出决定耗费了第一组学生的意志力——这一结果在其他很多实验中也被证实。

做决定是会令人疲惫的。每个为笔记本电脑进行上网配置的人，或组织过类似团体旅行等集体活动的人都会了解这种感觉：在所有的比较、权衡和决定之后人会感到精疲力竭，科学上称之为“选择疲劳症”。“选择疲劳症”是有害的。选择疲劳之后，作为消费者，你会对广告推销和冲动消费更没有抵抗力；作为决策者你会对色情引诱更没有抵抗力。在后面讨论“拖延症”一章中我们可以看到，意志力就像电池，在一段时间之后它需要充电。怎么充电呢？人们需要休息，需要放松，需要吃些东西。如果血液循环中的血糖含量过少，那么意志力就会变弱。宜家家居就深谙此道：在其拥有一万件商品的环形购物通道中，消费者肯定会出现“选择疲劳症”，所以宜家的餐厅正好在环形通道的中间，而且宜家不会吝啬于提供价格优惠的瑞士蛋糕，让你吃完之后又感到精力充沛，可以决定购买哪一种台灯。

关押在以色列监狱的 4 名犯人向法庭递交了假释的申请。第一个人（法庭在 8 点 50 分审讯）是阿拉伯人，因欺诈罪被判刑

30 个月监禁；第二个人（法庭在 13 点 27 分审讯）是犹太人，因人身伤害罪被判 16 个月监禁；第三个人（法庭在 15 点 10 分审讯）是犹太人，因人身伤害罪被判 16 个月监禁；第四个人（法庭在 16 点 35 分审讯）是阿拉伯人，因欺诈罪被判 30 个月监禁。法官是怎样判决的呢？比宗教背景和犯罪轻重程度更重要的是法官的“选择疲劳症”。第一个犯人和第二个犯人的申请被批准，因为那时法官血液循环中的糖分还很充足（来自早饭或午饭）。第三个犯人和第四个犯人的申请被拒绝，因为法官没有足够的意志力来思考提早释放的风险，他只能维持犯人的现状（继续留在狱中）。一个对上百起法庭判决的研究表明：在一段法庭审判中，“有决断性”的判决比率会从一开始的 65% 逐渐下降到零，在法官休息之后，比率又会突然升至 65%。这就是需要深思熟虑才能做出判决的正义之神！他们也会有“选择疲劳症”。同样这也对开篇的问题做了回答：你到底要选择哪个时间向总裁介绍你的项目。

3 为什么你不会穿希特勒穿过的羊毛衫

关联谬误

你会穿阿道夫·希特勒曾经穿过而且已经重新洗好的羊毛衫吗?

公元9世纪，加洛林王朝分崩离析之后，欧洲陷入混乱的状态——特别是在法兰克王国。伯爵们、各地总督、骑士阶级和地方势力无休止地互相争战，士兵毫无顾忌地将村庄洗劫一空，蹂躏妇女，践踏庄稼，拖走教士并烧毁修道院。教会和农民都不能与这种贵族间疯狂的战争进行对抗，他们在那些骑士面前毫无抵抗之力。

10世纪时，奥维涅的主教想到了一个主意。他请贵族和骑士们约定好一天在某个场地召开会议。教士、主教和修道院院长调集了他们在附近能找到的所有圣人遗物并摆放在那个场地上：圣人的遗骨、浸血的碎布、石头和陶瓷等，总之都是与圣人有关的物品。这位主教当时很受人尊敬，他要求所有贵族在全部圣物面前发誓放弃武力，不能攻击手无寸铁之人。为了强调自己的要求，他还在贵族面前晃动浸血的碎布和圣人的遗骨。圣人的遗物是有神圣的影响力的，这位主教的事例得到了很多赞许。他这种独特的呼唤良知的方式在整个欧洲传播开来，人们称其为：“上帝的和平”（拉丁语：Pax Del）和“上帝的休战”（拉丁语：Treuga Del）。美国历史学家菲利普·戴利德对此的评论是：“决不能低估中世纪的人们对圣人及其遗物的神圣感。”

作为思想开明的现代人，你可能觉得这种神圣感是可笑的，但你要想一想如何回答开篇的问题，你会穿希特勒曾经穿过的羊毛衫吗？应该不会，对吧？这一回答令人吃惊，因为这说明你对那些不可理解的力量也还是会给予一定的尊重。从物质的角度来看，希特勒的羊毛衫与希特勒完全没有关系，但你还是会厌恶它。

我们并不能将这种不可理解的力量简单地忽略掉。宾夕法尼亚大学的保罗·罗津和与他一起进行研究的同事请参加试验的人带一张和被试者关系最亲密的人的照片。他们将这些照片钉在靶子的中心，并要求参加试验的人向照片掷飞镖。如果一位被试者母亲的照片被飞镖刺穿，这位母亲本人是不会觉得痛的。尽管如此，参加试验的人还是有很大的顾虑，他们掷出的成绩要比朝着空靶掷飞镖的对比组差了很多。被试者表现得就好像有一种神秘的力量在阻止他们瞄准照片。

这种人与物之间的关联——即便关联早已不存在或以类似照片这种非具体的形式存在——是不容忽视的。这就是关联谬误。我的一位女性朋友长期为法国国立电视二台做战地通信记者。正如那些在加勒比海乘坐豪华游船旅行的乘客会在每个岛屿带走一件纪念品（比如草帽、涂色的椰子等）一样，我这位朋友也收藏了一柜子的战争纪念品。她最后一次外派是 2003 年去巴格达。在美国军队攻陷萨达姆·侯赛因的宫殿短短几分钟之后，她就溜进了宫殿内部。在宫殿的餐厅里她发现了 6 只镀金的葡萄酒杯，并迅速拿走了它们。当我最近在巴黎拜访她时，她用这些杯子盛酒招待我。所有在场的客人都很喜爱杯子的华贵，有人问："这在巴黎老佛爷百货商场有的卖吗？"这位朋友简短地回答："这是萨达姆·侯赛因用过的杯子。"一位女士觉得恶心而把酒吐回了杯子里，并且神经质地咳嗽着，我也只能再刺激她一下："你知不知道你每次吸气时，会吸到多少曾经在萨达姆肺里的分子？"我这样问她，然后接着说："大约 10 亿个。"于是她咳嗽得更厉害了。

4 为什么没有战争的平均规模

平均数的问题

假设你与另外49名乘客一起乘坐一辆公交车。在某一站全德国最胖的人上了车。问题是：公交车上乘客的平均体重将会增加多少个百分比？4%或5%——大概应该是这个数值。

假设你还在同一辆公交车上，全德国最富有的人卡尔·阿尔布雷希特上了车，那么这辆公交车上的人均财产会增加多少个百分比呢？4%或5%？远远不止！

让我们好好计算一下第二个假设。假设这50名随机选择的乘客每人有54 000欧元的财产，这时卡尔·阿尔布雷希特的加入就使总财产增加了将近250亿欧元，公交车上的人均财产变成了5亿欧元，提高了百分之一百万。一个单一的特殊个体导致了整个局面的改变。在第二个假设中，“平均”这个概念已经没有了意义。

纳西姆·塔勒布曾警告过世人：“不要试图去蹚过一条平均

一米深的河流。”这和我举公交车的例子是一个意思。一条河流可以在很大的范围内只有几厘米深，但在中心位置有10米深——人会被淹死。总使用平均值来考虑事情很可能会是有害的，因为平均值掩盖了事情背后真实的分布情况。还有一个例子是夏日里紫外线的平均辐射强度。如果你整个夏天都在被遮住光线的办公室度过，然后飞到马略卡岛（Mallorca），并且在那里不做任何防护地晒太阳，那你的健康肯定会有问题——尽管你受到的平均紫外线辐射强度并不比那些定期进行户外活动的人高。

以上不是什么新的认识，这里面的逻辑是可以理解的。新的认识是：在一个复杂的世界里，分布情况正在变得越来越不规律。或者我们可以回到那个公交车的假设上，在一个复杂的世界里，实际的分布情况更接近第二个假设，因此用平均值来进行解释就越来越不合适。平均一个网站有多少访客？没有平均情况下的网站，只有很少的网站（脸谱网或谷歌）能吸引到绝大部分访客，而剩下的网站，可以说有无数个，只有很少量的访客。数学家将这种情况称之为“幂律分布”。一旦有极为特殊的个体在控制分布情况，那么平均的概念就没有意义。

什么是一个公司的平均规模？什么是一个城市的平均居民人数？什么是一场战争的平均规模（是战争人数还是战争天数）？什么是DAX（德国DAX指数，德国重要的股票指数）每日的平均变化？建筑项目的平均超支是多少？一本书的平均版次是多少？一次涡流造成的平均损失是多少？一位银行家获得的平均红利是多少？一次市场营销活动的平均成功率有多少？电影演员们的平均收入是多少？以上这些人们当然都可以计算出来，但却是没有意义的。在这些例子中，分布情况都与“幂律分布”有关。用最后一个例子说明一下：有少部分演员每年收入超过千万欧元，但也有成千上万的演员仅仅能维持温饱。如果你因为电影的平均收入看起来很可观而建议你的子女去当演员，那你最好还是再考虑一下。

结论：当提到“平均”这个词时，你最好还是对它敏感一些，试着探究一下其背后的整体分布情况。如果一个极特殊的情况不会给平均值带来很大影响，就像第一个公交车的假设，那么“平均”这个概念还是有意义的；如果一个极特殊的情况会改变整个局面，就像第二个公交车的假设，那么你（特别是记者朋友们）就应该放弃“平均”这个概念。

5 你如何被钱毁掉了动力

激励排挤效应

几个月以前，我的一位朋友从法兰克福搬到了苏黎世。因为我经常去苏黎世，所以我提出帮他把不容易搬运的物品（祖传的口吹玻璃和古籍）运到苏黎世。我知道他有多珍视这些物品，如果搬家公司没有像对待生鸡蛋那样对待这些贵重物品，他一定会很生气，所以我帮他把这些物品运到了苏黎世。两周之后我收到他的来信，在信里他向我表示了感谢，另外信里还夹着一张 50 瑞士法郎的钞票。

瑞士政府一直在寻找放射性废弃物的最终填埋场所，人们考虑了各种深层埋放的地点，其中有瑞士中部的沃芬施森。苏黎世大学的经济学家布鲁诺 · 弗雷和其他研究者对当地的居民做了调查，询问他们是否同意在当地建立一个深层填埋场所。50.8% 的被调查者表示同意，而且理由各不相同：民族自豪感、公平、社会义务、就业前景等。然后研究者们又进行了第二次调查，这一次他们提供给该地区居民每人 5 000 法郎，作为同意建立深层填埋区的补偿——钱当然来自瑞士的税收收入。这次调查的结果如何呢？有一半的被调查者表示不同意，只有 24.6% 的人同意建立深层填埋场所。

还有一个幼儿园的例子。全世界所有的幼儿园都得面对同一个问题：就是那些在幼儿园放学之后才来接孩子的家长。幼儿园园长除了等待别无他法，她（或他）不能把孩子扔进出租车里了事，因此许多幼儿园都向晚接孩子的家长收取费用。有调查显示，晚接孩子的家长数量并未因此减少，反而增加了。

以上这三个例子表明，钱不但没有起到激励的作用，反而起了相反的作用。我的朋友给我 50 法郎，贬低了我提供的帮助，也侮辱了我们的友谊；为放射物深埋场所附近的居民提供补偿，会被人理解成是种贿赂，至少也减轻了居民为社会公益做贡献的意愿；而幼儿园向晚接孩子的家长收取费用，使家长和幼儿园之间从之前人性化的关系变成了金钱关系，晚接孩子也变得理所当然——只要为此付钱便可。科学上称这种现象为“激励排挤效应”。当人们不是为了挣钱去做一件事时，付钱给他们会破坏其做事的意愿，换句话说就是金钱上的激励会排挤掉非金钱意义上的动力。

假设你领导着一个非营利性的企业。你支付给员工的薪水是低于社会平均收入水平的，尽管如此你的员工仍在充满动力地工作，因为他们相信这是自己的使命。如果这时你引入一套奖金机制——比如在获得的捐赠中提出一定的比例加到员工的工资中，那么就会出现“激励排挤效应”：金钱的激励将排挤非金钱的动力，你的员工将对与奖金无关的内容不再感兴趣。无论是对公司的名誉还是公司的理念，你的员工都将不再关心。

但如果你领导的企业没有这种会被排挤的自身动力，那发奖金就不是个问题。你什么时候见过为激情而工作并且相信这是自身使命的规划咨询师、保险代理人或会计师？他们首先就不是为了激情而工作，所以说奖金在这些行业是能起到作用的。相反，如果你刚刚成立公司，在招兵买马，那么你最好先将你的公司赋予一定的意义，而不必急着用储备资金来给员工提供很高的奖金。

你如果有孩子，那么我还有一个建议。经验表明年轻人往往是不容易被收买的。假如你想让你的孩子完成学校作业、练习乐器或修理草坪，不要用金钱来做奖励。你应该每周给孩子一定的零花钱，否则孩子们很快就会因为没有金钱的奖励而选择上床睡觉。

6 如果没有什么可说的，就什么都别说

废话倾向

为什么五分之一的美国人无法在世界地图上找到自己的国家？当美国南部选美小姐卡罗琳娜被问到这个问题时——她还是高校毕业生——她对着摄像机说："我个人认为，美国人无法在世界地图上找到美国的位置，是因为有一些人没有地图，而且我认为我们的教育，与南非和伊拉克……都一样而且……我认为他们应该……我们这里的教育……美国的教育应该帮助美国，应该帮助南非，应该帮助伊拉克和其他亚洲国家，这样我们才能建立起我们的未来。"这段视频在YouTube（世界上最大的视频分享网站）上传遍世界各地。

好吧，你可以说，不要和选美小姐斤斤计较，那下面的回答呢？"文化传统的自身发展过程，绝不是由于受到以主体为中心的理性和以未来为指向的历史意识的影响。在一定程度上，如我们所看到的主体间性的自由建构过程一样，个人主义的所有性现

象表现为一种自我享有的自主性而瓦解。”你觉得熟悉吗？这是于尔根·哈贝马斯在《在事实与规范之间：关于法律和民主法治国的商谈理论》一书中写到的。

美国选美冠军和德国著名哲学家的例子都清楚地说明了同一个现象：废话倾向。不动脑筋、愚笨或无知会导致头脑糊涂，滔滔不绝貌似可以掩饰这种思想上的糊涂。有时候这种方法确实有效，但有时候却不行。选美小姐的烟幕弹效果就失败了，但哈贝马斯至少暂时是成功的。我们在掩饰时说得越多，其实越容易失败。再加上“权威偏误”（之前在《清醒思考的艺术》一书中介绍过），喋喋不休的内容有可能变成可怕的大杂烩。

我就经常会犯这种“废话倾向”的错误。年轻时我很喜欢雅克·德里达。我拼命地读他的著作，但在努力思考之后也没能理解，他的哲学对我来说成了神秘学的象征。这也使我的博士论文定向在这一方面。现在看来两者——德里达和我的论文——都是没用的废话。我就是把我的无知转化成了文字烟幕弹。

有“废话倾向”最明显的就是运动员。可怜的足球运动员被记者催促着做分析，其实他只想说：“我们输了比赛，就这么简单。”但记者必须要凑够直播时间，所以他要不断地提问，以便让球员和教练不停地说话。

在学术界，正如我们所见，“废话倾向”也在蔓延。一个学科获得的成果越少，这种现象就越严重。对“废话倾向”特别没有抵抗力的就是经济学家，这在很多评论和经济预测中不难看出。这种现象也出现在经济个体中，一个企业经营得越差，其总裁的废话就越多，而且废话之外还要加上多余的经营活动。这里值得称道的例外是通用电气公司的前董事长杰克·韦尔奇。他曾在一次采访中说："你可能不相信保持简单明了是多么难的一件事，因为人们害怕自己被别人当成傻瓜，其实结果恰恰相反。"

结论：滔滔不绝可以掩饰无知。如果一些内容没有清楚地表达，其实是说话者自己不知道在说什么。语言表达是思想的镜子：清晰的思想会带来清楚的表达，糊涂的思想结果只会是废话连篇。很遗憾的是，我们只在很少情况下才有真正清晰的思路。世界是很复杂的，我们的大脑要思考很多内容才能理解世界的某一个方面。在你对整个世界顿悟之前，最好还是记住马克·吐温的话："如果你没有什么可说的，就什么都别说。"简单是生活这条艰难长路的终结点，而不是起始点。

7 作为经理你如何什么都不做就可以使数值看上去更好

威尔·罗杰斯效应

假设你是一家电视台的编导，拥有两个频道，频道A收视率很高，频道B收视率很低。监事会要求你提高这两个频道的收视率，而且是在半年之内。如果你做到的话就能得到高额奖金；如果你做不到，则饭碗不保。那你会怎么办呢？

其实很简单。你可以把频道A中一个低于频道A的平均收视率但还是受欢迎的节目转移到频道B去播放，因为频道B的收视率很低，移过来的节目可以将平均收视率拉高。这样不用构思任何新的节目，你就同时提高了两个频道的收视率，拿到高额奖金。

假设你为三个主要在私人企业进行投资（私募股权）的基金做经理人，A基金有很高的利润率，B基金的利润率一般，C基金的利润率很低。你想向世人证明你是最好的基金经理，那要怎么做？

你现在应该已经会玩这个游戏了：你把A基金的一些股本卖到B和C基金。选择哪些股本呢？当然是低于A基金的平均利润率但仍有利可图的那些。这样没做任何新的投资你就使三个基金都显得更成功，而且这一切都是在内部协调，不会产生额外成本。当然这三个基金利润的总和不会变多，但别人会觉得你挺有一手。

这种效应被称为“移民效应”或“威尔·罗杰斯效应”。罗杰斯是美国俄克拉何马州一名喜剧演员的名字，他曾开玩笑地说那些从俄克拉何马州搬到加利福尼亚州的人，提高了美国联邦各州的平均智商。威尔·罗杰斯现象直观上很难理解，如果你想记住它，就必须针对不同情况进行实践。

下面是来自汽车行业的一个例子：两个小型分销店共有6名销售员，销售员1、2、3在分店A，销售员4、5、6在分店B。销售员1平均每月卖1辆车，销售员2平均每月卖2辆车，以此类推，销售员6平均每月卖6辆车。这样很容易算出，分店A的销售员平均每月卖出2辆车，分店B的销售员平均每月卖出5辆车。如果你现在把4号销售员从分店B转到分店A，会发生什么呢？分店A有1~4号销售员，每个人的平均销售业绩从2辆车提高到了2.5辆，分店B只有5、6号销售员，每个人的平均销售业绩提高到了5.5辆。这种重新组合的游戏虽然没有使整体数量发生改变，但你会给人留下深刻的印象。特别是在记者、投资人和监事看到在各个分店销售量平均值提高的情况下，他们肯定会对你表示认同。

威尔·罗杰斯效应在医学界特别常见。肿瘤一般被分为四个发展阶段——从第一阶段到第四阶段，也就是“病期移行”。处于阶段一的肿瘤最小且最易治疗，处于阶段四的肿瘤情况最糟糕。相应地，在阶段一的病人活下来的概率最高，阶段四的病人活下来的概率最低。现在每年市场上都会出现新的治疗方法，诊断结果也更为准确，以前医生不会注意到的极小肿瘤也可以被发现。这样，以前误认为自己很健康的病人现在都被划分到了阶段一，所以自然而然地在阶段一的病人活下来的平均概率就提高了，这是医学界的伟大成功吗？其实这只是“病期移行”。

8 如果你有敌人，那就给他提供大量信息

信息偏倚

在短篇小说《精确性科学》中，豪尔赫·路易斯·博尔赫斯描述了一个国家，在那里地图学发展成熟，有着极为详细的比例尺为 1 ∶ 1 的地图，和这个国家本身一样大。这样的地图让人学不到知识，因为它只是完全复制现有事物。博尔赫斯的地图是“信息偏倚”这种思维错误的极端例子，即错误地认为掌握的信息越多，做出的决定就越好。

我有一次搜索柏林的酒店，找到 5 家备选酒店，然后选了其中一个一下子就吸引到我的。但我又不太相信自己的直觉，还想再比较一下这 5 家酒店，于是我收集了很多的信息，努力地浏览大量的关于各个酒店的照片、评价、评估和博客文章，点击观看了无数的视频，两个小时之后我还是选择了自己一开始决定的酒店。额外信息的大量堆加并不能使人们做出更好的决定。相反，如果把为了寻找酒店而消耗的时间折算成钱，我应该都可以去住

凯宾斯基（欧洲十大酒店之一，始建于 1897 年的柏林）了。

研究人员乔纳森·巴伦曾向医生提出如下问题：患者生了一种病，从症状上看有 80%的可能是疾病A，但如果不是疾病A的话，就会是疾病B或C，这三种疾病的治疗方法不同，每种病的严重程度相当，而且每种治疗方法的副作用程度相近。作为医生你会建议按照哪种疾病给患者治疗？按照逻辑你应该会按照疾病A给患者治疗。

假如这时有一种诊断测试，对于疾病B测试结果显示阳性，对疾病C测试结果显示阴性，如果是疾病A则测试结果为阳性或阴性的概率各占 50%。你作为医生会向患者推荐这个测试吗？被问到这个问题的大多数医生都会推荐这一测试，尽管从测试中得到的结果没什么意义。假设测试结果为阳性，那也只能知道患疾病A的可能性比患疾病B的可能性大。这一通过测试得到的额外信息对于做决定完全没有帮助。

不仅医生们有收集更多信息的渴望，经理人和股民也渴望更多的信息，即使是不重要的信息。他们经常进行一个又一个的委托研究调查，尽管事实早已明了。

更多的信息不仅是多余的，有时甚至是有害的。圣迭戈和圣安东尼奥两个城市哪个人口更多？马克斯·普朗克学会的格尔德·盖格瑞泽向芝加哥大学和慕尼黑大学的学生们提出了这个问题。有 62%的美国学生选择了正确的答案：圣迭戈，但德国学生则是 100%全部答对，原因是所有德国学生都听说过圣迭戈这个城市，但没几个人听说过圣安东尼奥，所以德国学生就选择了他们熟悉的名字。而美国学生听说过这两个城市，他们有着更多的信息，反而容易出错。

想象一下有10万名经济学家——在银行、咨询机构和政府工作，再想象一下这些人在2005年至2007年所使用的纸张——用于研究报告和数学模型、所有经济评论、修改的演示文稿，以及彭博资讯和路透社的百万兆信息，仿佛是对“信息”表示敬意的狂欢的舞蹈。但所有这些都是空话，经济危机爆发弄垮了全世界，却没有人预料到它的发生。

结论：请你试着用最少的信息来思考，这样你可以做出更好的决定。很多信息其实是没有价值的——即使人们知道。

9 为什么在满月时会看到人脸
聚集性幻觉

1957 年瑞士歌唱家弗里德里希·于尔根松买了一台录音机来录下自己的歌声。在播放录音时，里面夹杂着很奇怪的嘈杂声，听起来好像是天外之音。几年之后，他给自己的鸟录音，这次他在录音中听到了已去世的母亲的声音，那声音悄悄地对他说：“弗里德里希，你能听见我吗？我是妈妈。”这次的情况就很夸张了，于尔根松的生活从此彻底改变，他开始专注于通过录音与过世的人进行交流。

佛罗里达州的黛安娜·杜伊瑟在 1994 年也有类似的惊人经历。她在把一片咬了一口的吐司面包放回盘子里时，在吐司面包上看到了圣母玛利亚的脸。她马上停下来不再进餐，把这一上帝的信息（那片吐司面包）放在塑料盒里保存了 10 年之久。2004 年 11 月她在 eBay（可让全球民众上网买卖物品的线上拍卖及购物网站）上将这片保存完好的面包以 28 000 美元的价格拍卖。

其实我们还能回想起来更早的故事：1978 年一位新墨西哥州的妇女也有相似经历。她在玉米甜饼烧焦的位置上看到了耶稣。媒体报道了这个故事，于是上千人奔往新墨西哥州瞻仰这一神圣的玉米甜饼。在这一事件发生的两年前，即 1976 年，宇宙探测器“海盗 1 号”拍摄的一张照片上，火星表面惊现一张人脸的形状，于是“火星人脸”成了各大报纸的头版头条。

你是否也曾在云中看到过一张脸，或者在岩石上看到过动物的剪影？你应该是看到过的，这种情况其实非常普遍。我们的大脑在寻找模型和规则，而当它找不到模型和规则时，它便会将其虚构出来。信号越模糊——比如录音带上的嘈杂声——对模型的阐释空间也就越大；信号越清晰，阐释起来也就越困难。在发现“火星人脸”的 25 年之后，“火星全球勘测者”探测器拍到了同一位置十分精确清晰的照片，当年那美丽的人脸不复存在，变成了普通的多岩石山。

这些“聚集性幻觉”的可笑例子看上去无害，其实则不然。金融市场每秒都会产生大量的数据，一个朋友曾兴奋地告诉我，他在数据海洋中发现了如下规律：道·琼斯指数乘以油价就是两天后的金价。换句话说，如果今天股价和油价上涨，那么两天后金价会上涨。在几个星期内情况一直符合他发现的这个规律，我的朋友也因期望获得更高回报而投入了越来越多的钱，最终他输光了所有存款。他就是看到了一个其实并不存在的规律。

OXXXOXXXOXXOOOXOOXXOO，这一序列是纯粹的巧合吗？心理学教授托马斯·吉洛维奇对几百人做了调查，大多数被调查者倾向于认为这一字母组合不是偶然，他们认为这中间一定有某种规律。吉洛维奇向被调查者进行了解释，并用骰子举例来说明这种想法是错误的，掷骰子也会多次掷出相同的数字。很多人对此都非常吃惊。显然人们不相信偶然能带来同一数字多次重复的情况。

第二次世界大战期间德国人曾轰炸伦敦，主要使用的是可以自我定向的V1 巡航导弹，当时攻击地点都在地图上明确地标了出来。这吓坏了伦敦人，他们从中找到了规律并推算出哪些城市区域是最安全的。但战后的统计资料表明，轰炸地点的分布完全是随机的，而且今天我们也知道了原因，即V1 导弹的定向系统是非常不精确的。

结论：在发现规律这件事情上我们都过于敏感，你应该坚持怀疑精神。如果你认为发现了某一规律，那么应该先把它看成是种偶然。如果你觉得实在是很有规律，那你应该请位数学家帮你做个统计测试。如果你倒的土豆沙拉的酱汁突然形成了耶稣的脸，那你应该问问自己：如果耶稣真的想要进行启示，他为什么不在时代广场进行？为什么不在电视上进行？

10 我们为什么要爱经历痛苦才得到的事物

劳力辩证现象

约翰是一名美国空军士兵，刚刚通过跳伞测试。他列队等着收到自己期盼已久的降落伞形别针。最后他的上司以挑衅姿态站在他面前，将别针放到他胸前并猛击一拳，结果别针扎进了约翰的身体。从此以后，约翰一有机会就解开衬衣的扣子，展示那小小的伤疤。几十年之后，那枚别针被裱上框，挂在他卧室的墙上。

马可自己动手修好了一辆生锈的哈雷戴维森摩托车，自此他所有的周末和假期时间都花在保养这台摩托车上，这使他的婚姻走到了危机边缘，这完全是不值得的，但最后这辆摩托车总算是焕然一新。两年之后，马可急需用钱，他想把这辆哈雷卖掉，但他的出价和实际行情相差太远，即使有个感兴趣的买家给出市场价的两倍，马可仍没有卖。

约翰和马可便是“劳力辩证现象”的受害者。这一现象是说，你在一件事上投入了很多精力，便会对其结果期望过高。约翰因为降落伞形别针而承受了身体上的痛苦，便赋予了这个别针高于其他奖章的价值；马可因为修复哈雷花了大量时间，甚至差点牺牲自己的婚姻，所以他把这台摩托车的价值估计得过高，以至于永远也卖不出去。

“劳力辩证现象”是所谓认知不谐调的一种特殊情况。一枚简单的别针使自己的胸口留下伤疤本来是可笑的，约翰的大脑为这种可笑做了调适，也就是把别针的价值提高，把它从普通的事物美化成貌似神圣的东西。这都是在无意识的情况下发生的，而且很难人为地进行干预。

团体组织会利用这种“劳力辩证现象”来团结其成员。例如一些组织的入会程序：少年团伙和学生帮派在申请人通过很恶心、很暴力的测试之后，才会让其加入。研究显示：这一“入门测试”越残酷，申请人形成的自豪感就越强。所以连商学院也会利用“劳力辩证”的效果——让学生们无休止地忙碌，有时甚至精疲力竭，而且不管布置的作业是有用还是愚蠢。当学生终于获得了商学院学位时，就会把它看作事业中不可缺少的一部分，因为他们为此付出了很多。

“劳力辩证现象”的缓和形式是所谓的“宜家效应”。我们有时候会认为自己动手组装的家具比设计师设计的昂贵作品更有价值。还有自己织的袜子，把它像从H&M（来自瑞典的服饰零售商）买的袜子那样扔掉对我们来说并不容易，即使它已经磨损甚至过时。那些花一周时间制定一项策略的经理们，不会对策略进行过多的批判。这个道理也同样适用于设计师、广告词作者和产品开发者，他们也花了大量时间来思考自己的创作。

在 20 世纪 50 年代，市场上出现了便捷的蛋糕粉，制造商认为这肯定能赚钱。但万万没想到的是家庭主妇们不喜欢这种蛋糕粉，因为对她们来说太简单了。直到制造商把配制方法变得稍微复杂——包装上说明要打一个鸡蛋进去——家庭主妇们才又找回自我价值感，她们才开始重视这一便捷食品。

谁了解了“劳力辩证现象”，便可以强迫自己更加清醒。你可以试一试：即使你在一件事上花费了很多时间，下了很多功夫，也要保持一定距离去看待其结果，它仅仅是一个结果。你用 5 年时间完成的小说没有引起出版社的兴趣：也许它并不能获得诺贝尔文学奖。在拿到你认为必须获得的工商管理硕士学位之后，你觉得值得去推荐给别人吗？还有你已经苦苦追求多年的女人，她真的比缠着你不放的女人更好吗？

11 为什么小型公司有自己的特殊情况

小数定律

假设你是一家零售贸易公司的领导，公司有1 000家分店。集团的财务主管委托一名顾问对店铺的失窃事件进行调研。这名顾问在报告他的调研结果，用投影投出惹眼的大字：发生失窃事件最严重的100家分店——根据占营业额的百分比算出。然后，他用加粗的文字描述了令人吃惊的事实："发生失窃事件最多的分店主要在乡村地区。"在片刻的沉默和惊讶之后，财务主管发话了："各位，情况已经很清楚了。现在马上给在乡村地区的分店安装特别的安全系统。显然只要不是铆住钉住的，就都会被那些乡下小偷偷走！除此之外也没有什么别的原因了。"

你可以对此表示怀疑吗？当然可以。你可以要求那个顾问统计出100家发生偷窃事件最少的分店。于是顾问在Excel表上忙碌地重新归类，制作出了清单。令人吃惊的是，被窃贼骚扰得最少的分店也主要分布在乡村地区！这时你就可以笑着对在场的人说:“乡村地区不是决定因素，决定因素是分店的规模大小。在乡村地区的分店一般规模较小，一次偷窃事件对失窃率的影响较大，相应地，乡村地区分店的失窃率也会极为不稳定——比集中在城市地区的大型分店要不稳定得多。各位，你们被‘小数定律’蒙蔽了。”

“小数定律”直观上很难理解，所以有些人，特别是记者、经理和监事，经常会被其蒙蔽。让我们用一个很极端的例子来说明一下。抛开失窃率不谈，我们看看一家分店员工的平均体重。假设公司只有 2 家分店，一家规模非常大，一家很小。大的分店有 1 000 名员工，小的分店只有 2 名员工。我们假设大的分店的员工平均体重符合国民平均体重的标准，即 75 公斤，无论是有新员工加入还是有老员工离职，这个数字几乎是不变的，但在小的分店情况就有所不同，平均体重取决于分店经理雇用了胖的还是瘦的店员，员工平均体重会随之有很大变化。

这同样适用于解释失窃率的例子：分店越小，其失窃率变化就越大，无论顾问如何整理他的Excel表格，如果按失窃率从高到低的顺序排列，最靠后的肯定是较小的分店，中间是较大的分店，最前面的又是较小的分店。财务主管的结论是没有道理的——特别的安全系统也不必再装。

假如你在报纸上读到一则新闻:“刚起步的公司会雇用更聪明的员工——由‘联邦无意义研究部’委托进行的研究统计了德国所有企业员工的平均智商，结果表明：处于起始阶段的公司员工智商最高。”你对这则新闻报道有什么想法？最好是没有什么想法，因为这里又和小数定律有关。在公司起始阶段雇用的员工往往较少，小型企业员工的平均智商比大型集团平均智商的变化幅度要大，所以小型企业（也就是刚起步的企业）员工的平均智商较高（也有可能较低）。联邦部门的调查研究没有任何说服力，最多能证明存在偶然事件的可能性。

结论：当一项研究得出了一些不同寻常的结果时，请你谨慎地对待。这些令人吃惊的发现实际上完全是偶然事件分布的常见情况。诺贝尔奖得主丹尼尔·卡尼曼在他最新的著作中写到，即使是有经验的科学家也会被“小数定律”所蒙蔽——这样看来，我们这些普通人还能得到些安慰。

12 请谨慎对待你的期望
期望的正负效应

2006年1月31日谷歌公司公布了其2005年第四季度的财务数据，营业额增长97%，净利润增长82%，这是创下纪录的一个季度。证券市场对这一惊人的财务数字作何反应？谷歌公司的股价在短短几秒之内下跌了16个百分点，股票交易不得不中断，等到股票恢复交易时，股价又下跌了15个百分点。人们自然是惊慌失措，一名绝望的交易员在博客中写道："哪座摩天大楼最适合人从楼顶跳下？"那么到底发生了什么呢？只是因为华尔街的分析师们本来期待了更好的财务数据，而谷歌公司的市值因此蒸发了200亿美元。

每个投资者都知道，金融市场的成功是不可能被准确预测的。理智的反应是对自己说："预期得不准确是我的失误。"可投资者都不会这样做。2006年1月，瞻博网络宣布了每股的盈利，其数值比分析师的预期少了不到十分之一，结果其股价下跌了21个百分点。公司的市值蒸发了25亿美元。这类“失误”会给公司带来无情的惩罚，因为之前已经激发了人们过高的期望。

许多企业要花上巨额经费来保证达到分析师的预期。为了避免因没有实现期望而带来的噩梦，有些企业转而公开自身的赢利期望——即所谓的赢利前景指导。这不是聪明的做法，因为整个市场都会盯着企业的这一内部期望值，而且还是用很敏锐的目光，财务经理们被迫去实现这一期望值，所以不得不将重点放在会计账目调整上。

期望虽然会导致荒唐的事情发生，但也会有很好的激励作用。1965年，美国心理学家罗伯特·罗森塔尔在一所小学进行了一个著名的实验：他告诉老师们一个假消息，人们开发出了一种测试，通过这种测试可以辨别出有智商开发潜力的人才，即所谓的“最有发展前途者”，测试结果显示有20%的学生属于这一类。实际上这20%的学生都是随机选择的。一年之后罗森塔尔观察到，“最有发展前途者”组的学生的智商比对比组学生的智商有更大的提高。这一现象被称为“罗森塔尔效应”（又称“皮格马利翁效应”）。

与有意识地用自己的行动来实现期望的总裁和财务经理不同，“罗森塔尔效应”中的影响是无意识的，也许老师们对于所谓的“最有发展前途者”自动地给予了更多关注，相应地这些学生的学习效果也变得更好。老师对优秀学生的关注究竟到何种程度？事实表明，他们不仅相信这些学生会有更好的成绩，也认为这些学生的性格更好。

我们对于自身的期望会做出怎样的反应呢？其实“安慰剂疗

法”就是利用了自身期望的效果，使用根本没有疗效的药片和治疗方式，却达到了治疗的效果。据验证，这种“安慰剂疗法”对三分之一的病人有效。但为什么有效果，人们还无法得出结论。事实是：期望可以改变大脑中的生物化学反应，从而改变全身的生物化学反应，这也是阿尔茨海默病患者无法接受安慰剂疗法的原因，因为形成期望的脑区已经不能正常工作。

结论：期望仿佛是虚构出来的，但它有真实的效果，有改变现实的力量。人们可以避开它吗？可以过一种毫无期望的生活吗？不可以，但人们可以更谨慎地对待它。提高你对自己和对你所喜爱的人的期望，这样可以增强你的动力。同时对于不能控制的事情你要降低期望，比如对股票市场。下面这话听上去矛盾却有道理：使自己远离不好的意外的最佳方式就是去期待意外。

13 不要相信你最先凭感觉想到的内容

简单逻辑

下面有三个简单的问题，你可以将答案写在书页边缘：（1）商场里一个乒乓球拍和一个乒乓球一共卖 1.1 欧元，球拍比乒乓球贵 1 欧元，那么一个乒乓球多少钱？（2）纺织厂里的 5 台机器生产 5 件衬衫需要 5 分钟，那么 100 台机器生产 100 件衬衫需要多少时间？（3）池塘中长着睡莲，睡莲繁殖的速度很快，每天的面积会增加一倍，增加到完全覆盖池塘表面需要 48 天，那么覆盖池塘表面的一半需要多少天？在你给出答案之前请不要往下阅读。

这三个问题都会有一个凭感觉产生的答案和一个真正的正确答案。我们首先会想到的是感觉上的答案：0.1 欧元，100 分钟和 24 天，但这些答案是错误的，正确答案是：0.05 欧元，5 分钟和 47 天。这三个问题你答对了几个呢？

沙恩·弗雷德里克开发了一种CRT测试（Cognitive

Reflection Test, 即认知反射测试），并对几千人进行了测试。最好的测试结果来自麻省理工学院的学生们，他们答对CRT测试问题的平均值是 2.18；普林斯顿大学排在第二位，答对问题的平均值是 1.63；密歇根大学排在第三，平均值是 0.83。但令人感兴趣的不是答对测试问题的平均值，而是回答正确的人和未得出正确答案的人之间的区别。

一些问题可以作为对此区别的提示，例如：你是愿意要手中的麻雀还是要屋顶上的大鸟？弗雷德里克发现，在CRT测试中分数偏低的人倾向于选择手中的麻雀，他们不愿冒风险——在手中的才是拥有。而那些在测试中答对 2 个或 3 个问题全对的人则倾向于选择屋顶上的大鸟，也就是选择风险较大的可能性。

对以上两种人的区分标准之一是“放弃”的能力，我们已经在《清醒思考的艺术》一书“双曲贴现——及时行乐的诱惑力”这一章中了解到了这一点。弗雷德里克对同一批被调查者又提出如下问题：“你是希望现在得到 3 400 美元还是一个月后得到 3 800 美元？”在CRT测试中得分较低的人倾向于马上得到 3 400 美元，他们很难做到暂时忍耐，性格较为冲动，这一点也体现在购物决定上；在CRT测试中得分较高的大多数人会决定等上一个月，他们有意志力来放弃眼前的利益，而且事后会因此得到更多好处。

思考比感觉更辛苦，理智权衡比依赖感觉需要更多的意志力。换句话说：依赖感觉的人提出的问题较少。哈佛大学心理学家阿米塔伊·申哈夫和他的同事们认为，CRT测试的结果也许在一定程度上可以说明宗教信仰的问题。事实也正是如此。CRT测试得分较高的美国人（这一研究仅在美国进行）大多是无神论者，而且他们的无神论观念还会逐年加强；相反，得分较低的美国人大多信仰上帝，相信“灵魂不死”，有着“神圣的经历”。这说明当人们更倾向于依赖感觉去做决定时，也就会用更少的理智去探究宗教。

如果你不满意自己在文章开篇的CRT测试结果，而且想要提高它，那你可以从以怀疑的态度面对最简单的逻辑开始，因为不是所有看上去可信的逻辑都是正确的。你要拒绝相信凭感觉最先想到的答案。就这样说定了？那么让我们再做一个测试：你以每小时100公里的行驶速度从A地前往B地，返回时速度为每小时50公里，那么你的平均行驶速度是多少？是每小时75公里吗？别回答得太快了，请你谨慎一点，不要回答得太快。

14 如何揭穿江湖骗子

福勒效应

各位亲爱的读者，你听到我下面说的话可能会吃惊，但我是了解你的，我可以对你做出评价："你需要得到别人的喜爱和赞赏，这样你会更愿意进行自我批评。尽管你的性格上有一些弱点，但你总体上还是可以弥补它们。你有很多方面的能力未得到发挥。从表面上看你是自律且有自控能力的，但其实你内心会感到害怕，没有安全感，而且你会怀疑自己的决定是否正确。你希望发生一些变化。当你受到限制和约束时，你会感到不满。你为自己能够独立思考而自豪。你对他人提出的想法不会未经验证就接受，你认为对他人太过坦率是不明智的。有时候你很外向，很随和也很开朗，但有些时候你又是内向的，给人以距离感，很拘谨。你的愿望很多都是不太现实的。"怎么样，这是你本人的写照吗？从 0（完全不符合）到 5（完全符合）来打分，我对你的评价可以得几分呢？

1948 年心理学家伯特伦·福勒让他的学生读了以上的内容。这些内容是他从各种占星专栏中拼凑出来的。他告诉学生他的描述是具体针对他们每一个人的。学生们给这份评语打出分值的平均分是 4.3，也就是认为福勒描述得准确的学生占 86%。人们将这一实验在之后的几十年中反复地进行了 100 次，得到的结果大致相同。

你很有可能也打了 4 分或 5 分。人们有这种倾向，认为一种笼统的、一般性的人格描述十分准确地揭示了自己的特点，这种倾向在心理学上被称为“福勒效应”（或“巴纳姆效应”）。“福勒效应”解释了为什么那些伪科学——占星学、笔迹学、看手相、塔罗牌占卜、与死者沟通等——能发展得很好。

“福勒效应”背后隐藏的是什么呢？首先，福勒那段文字中的大部分内容是具有普遍性的，适用于各种情况：第一，“你会怀疑自己的决定是否正确”——谁不是这样呢？第二，我们会接受不符合情况的恭维说法，“你为自己能够独立思考而自豪”——谁又会把自己视为迟钝的随大流者？第三，“正面效应”在这里也起了作用，这段文字没有任何否定的说法，没有说出某人不是什么样的——尽管性格缺陷也应该属于性格描述的一部分；第四，所有思维错误的根源——“证实倾向”，即我们会接受符合自身特征的描述部分，而把剩下的部分无意识地过滤掉，从而留下一个很符合自身情况的性格评语。

占星家和手相师能做的事情，顾问和分析师早就学会了：某只股票有很大的升值潜力，即便是在更为激烈的竞争环境中；这个公司就是缺乏将想法从研发转化为现实产品的执行力度；公司管理层由各行业有经验的专家组成，所以在一开始便可以看出制度化管理的征兆；公司良好的财务数据状况清楚地表明存在节约成本的潜力；我们建议公司将重心更多地移向发展中国家，以便保证未来的市场占有率。这些听上去都不错吧？保证对每只股票都适用。

你怎么来判断一位大师的水平——比如一位占星师？你应该让他对你所选择的 20 个人进行性格分析，把性格描述写在卡片上，将卡片从 1 到 20 编号以替代人名。这 20 个人不知道他们的号码，每个人将拿到所有卡片的复印件，只有当（几乎）每个人都选出与自己性格对应的卡片时，你面前的大师才是真正的高手，但目前我一个还没碰到过。

15 为什么志愿工作只对明星适用
志愿者的愚蠢

摄影师雅克从周一到周五都在忙碌地工作着。应时尚杂志的委托，他辗转在米兰、巴黎和纽约之间——不停地寻找着最漂亮的女孩、最独特的时装设计以及最完美的灯光。人们知道他工作的价值，付给了他高额报酬，一小时500欧元。“就和律师一样多，”他在同事面前吹嘘着，“但是我能欣赏到的可比一个律师要好很多。”

雅克的生活令人羡慕，但最近他开始有了更多的思考，似乎他与时尚界有了些隔阂。这个行业的自私自利让他厌恶，有时他躺在床上，看着天花板，渴望做一份有意义的工作。他想变得无私，能为“使世界变得更美好”做些贡献，哪怕是很小的贡献。

一天，雅克的手机响起，是他的小学同学帕里克打来的，现在帕克里是地方鸟类保护协会的主席。帕里克说：“这个周六是我们每年一次的鸟舍日。我们找志愿者来帮忙，为濒危鸟类制作特殊的鸟舍，然后放到树林里去。我们周六早上 8 点集合，午后应该就可以完成。”

雅克该如何回答？如果他“使世界变得更美好”的愿望是认真的，那他的正确选择是拒绝这一请求。理由是：雅克每小时能挣 500 欧元，木匠每小时能挣 50 欧元。明智的做法是雅克多做一个小时的摄影工作，然后雇一个专业的木匠，让木匠工作 6 小时来制作比雅克亲手制作的质量好很多的鸟舍，然后雅克可以将剩下的 200 欧元捐献给鸟类保护协会（我们暂且不考虑交税的问题）。这样一来，比起亲自动手，雅克为“使世界变得更美好”做了更多的贡献。

但雅克答应去亲手制作鸟舍的可能性是很高的。经济学家称这种现象为“志愿者的愚蠢”。这种现象很普遍，例如在德国就有三分之一的人在无偿工作。不应该去做志愿者还有另外一个原因：如果雅克自己制作鸟舍而没有雇用一位木匠，他就夺走了一名木匠的工作——这肯定不会对“使世界变得更美好”做出贡献。

这里我们就碰上了利他主义中的一个棘手问题：存在完全的无私吗？不是志愿工作与个人利益无关吗？德国联邦政府所谓的志愿者调查清楚地表明：志愿者最强烈的动机是共同塑造社会的民主诉求，其次是与社会接触、从中得到乐趣、获得新的经验等。这不是无私忘我，相反严格地讲，每个在志愿工作中能获得满足感的人，都不是纯粹的利他主义者。

我们已经看到：在本职工作上付出更多，然后捐赠一部分钱是雅克能提供的最有效的帮助。只有当他可以利用自己的专业知识时，志愿工作才是有意义的。如果鸟类协会要制作比如附上照片的捐赠信，而照片只能由顶级摄影师完成，那雅克既可以自己拍摄照片，也可以额外工作 1 小时，将钱捐赠给鸟类保护协会，让他们去雇用一个顶级摄影师。

如果雅克同意去制作鸟舍，那他就很愚蠢吗？ 也不一定。对于“志愿者的愚蠢”还有一个例外：那就是真正的名人。如果是博诺 · 沃克斯、凯特 · 温斯莱特或者马克 · 扎克伯格拍了照片，展示他们如何制作鸟舍、清洁有油污的河滩，或是营救地震受难者，那么这是拥有很大影响力的无偿的宣传。雅克必须清醒地判断，他是不是个名人。这也同样适用于你和我：只要大街上的人不是频频地转过身来注视你，那么你就不应该去参加志愿活动，而是去捐一些钱。

16 为什么人是情感的傀儡

情绪激发学

你如何看待转基因小麦？这是一个涉及多个方面的话题——你不想草率地回答。理智的做法是，分析这一充满争议的技术的优缺点。你列出其所有可能的优点，加以权衡，再乘以能够实现的可能性，这样你就得到了优点的期望值。

对于缺点你也来这样处理：列出所有的缺点，估计它们可能造成的损失，然后乘以发生的可能性。最后用优点的期望值减去缺点的数值得到期望净值，如果它是一个正数，那么你就是支持转基因小麦的；如果是负数，那么你就是反对转基因小麦。

也许你知道这套处理方法，关于如何做决定的理论书籍都对这种方法做了描述。也许你还从未按这种方法进行评估。但很肯定的是，没有一位教授在教科书里写他是用这种方法来选择老婆的。

没有人会这样做。第一，我们没有足够的想象力把所有可能的优点和缺点罗列出来，我们能够想到的内容是有限的，而且很少会超出我们的经验范围；第二，一些小的可能性是无法计算出来的，因为很少发生的事情不会留下太多资料；第三，我们的大脑也不是为了做这种计算而进化的，人类要是在远古时期还进行长时间思考的话，早就被肉食动物吞食了。我们是快速做出决定的人类的后代。我们的决定是情绪激发的产物。

“情绪激发”是最常用的激发学。情绪是一瞬间的感情迸发：喜欢什么或厌恶什么。像“飞机噪声”这个词就会引发负面的情绪，“华丽”这个词会引发正面的情绪。这种自发的、肤浅的情绪冲动会让你对风险和利益的估计依附在同一张感情网上。

你在感情上对待某些问题的态度——比如对核能、有机蔬菜、私立学校或驾驶摩托车——会决定你对其风险和利益的评估。你喜欢什么，就会相信其害处很小而益处很大。保罗·斯洛维奇曾向几千人询问对各种技术的看法，从而验证了这种关联：我们的确是自身情感的傀儡。如果不存在“情绪激发现象”的话，我们会理性地区分风险和利益。

更令人印象深刻的是：假如你拥有一辆哈雷戴维森摩托车，然后你得知，比如从一项研究中，其害处比原先预计的要大很多，那你也会无意识地将你对它益处的估计进行相应的调整。

这种自发的感情迸发是如何产生的呢？密歇根大学的研究者曾在不到百分之一秒的时间内依次点亮三幅画——一张笑脸、一张生气的脸，还有一张面无表情的脸，接着参加实验的人要说出喜欢在哪幅图画之后展示出的中国汉字。大多数人喜欢的是在笑脸之后展示出的汉字。

所以，看上去微不足道的事物也在影响着我们的情绪——有时甚至是奇怪的组合，我们称之为“交易所情绪”。研究者赫尔史莱夫和沙姆韦在 1982—1997 年观察了日照长度和 26 家大型交易所行情之间的关系，并用农业谚语般的语言描述了其中的关联：如果日照长度变长，交易行情会上升，当然情况不总是这样，但总体趋势是这样的。日照长度显然与笑脸有着类似的作用。

结论：你会依赖你的感情来做出复杂的决定，你用“我对此是什么感觉”这一问题替代了“我对此是怎么想的”这一问题。当然，你是不会主动承认这一点的。

17 你为什么要和自己唱反调
内省错觉

布鲁诺是维生素片的生产商。他的父亲创立了这家企业，当时维生素片还不是生活必需品，而是需要医生处方的药品。当布鲁诺在 20 世纪 90 年代初接手这家企业时，市场对维生素片和其他营养品的需求迅速提升，布鲁诺抓住了时机，申请了最大限额的贷款，扩建了生产车间。如今，他是最成功的维生素片供应商，也是欧洲维生素生产商协会的主席。从他的童年起，他每天吃的维生素片不少于 3 片，记者问他：维生素片是否有利于健康？他答道：当然有利于健康。问题是，你相信他吗？

还有一个问题。请想一个你一直深信不疑的观点，比如金价在未来 5 年会提升，或者上帝是真实存在的，不论你坚信的观点是什么，把它用一句话写下来。问题是，你相信自己吗？

然后呢？相对于布鲁诺的说法，你会对自己坚信的观点更加确信不疑。是这样的吧？对此的解释是，你自己坚信的观点是你从内心进行的观察，而布鲁诺的说法是你从外部进行的观察。说通俗点儿就是：你可以窥视到自己的内心，但无法看到布鲁诺的内心。

对于布鲁诺的说法你可能会想：利益在诱使他相信维生素片是有利于健康的，毕竟他的财富和社会地位与公司的成功经营息息相关。他必须维护家族企业，而且他一直在吃维生素片，绝不会承认没有效果。

但内心的观察又会有多纯粹、多诚实？瑞典心理学家彼得·约翰松给参与实验的人快速地展示了两张人物照片。参加实验的人要说出哪一张更吸引人，然后约翰松把照片拿到近处让他们解释原因，在拿到近处的过程中约翰松会迅速调换照片，但大多数参加实验的人并没有发觉，还很具体地解释为什么更喜欢某张照片。研究的结果表明：内省是不可靠的。我们窥探自己的内心时，会虚构出一些内容。

这种相信通过窥探内心可以得到真相的情况被称之为“内省错觉”（德文有时翻译成“选择性盲目”或“自我观察错觉”）。这不是吹毛求疵，因为我们都对自己相信的事情深信不疑，当有人和我们的观点不同时，我们会有三个反应。反应一是“无知假设”：其他人一定是缺少必要的相关信息。如果有了足够的信息，他肯定会同意我的观点。政治活动家就会这样想，他们相信可以通过讲解来说服别人。反应二是“白痴假设”：其他人有相关的信息，但是脑子不好使，所以他得不出正确的结论，他就是个傻瓜。这种反应在官僚主义者中很常见，他们想要在前来办事的“蠢人”面前把自己保护起来。反应三是“恶意假设”：其他人有相关的信息，也能理解这里面的意思，但故意得出相反的结论，他这么做是带有恶意的。很多宗教激进分子就会这样看待没有宗教信仰的人：他们都是魔鬼！

结论：没有比自己的信念更令人确信的事情。如果你不惜一切代价去相信并坚持自己的观点，那么它肯定是最确定的，但这样也是危险的。窥视自己内心的这种自省，大部分是虚构出来的。如果你太过相信自己，一直相信自己，那么清醒过来的那一刻对你来说就会更加残忍。越是你深信不疑的事情，你越是要多一些怀疑。作为聪明人你不需要信奉任何教条，你要做自己的异教徒！

18 为什么你要断了自己的后路

缺乏关门的能力

在我的床边堆着两摞书，都是我已经开始阅读的。我不想移走任何一本，也没读完任何一本。我这本读一点，那本读一点，尽管花费了大量的阅读时间，但没有获得多少知识。我当然知道如果把其他书放在一边，集中阅读一本，效果会更好。但为什么我没有这样做呢？

我认识一个同时和三个女人交往的人。每个女人他都爱，而且也愿意和每个女人组成家庭。但是他一直下不了决心去选择其中一个，因为这样的话，和另外两个女人的关系就要彻底结束。如果不做最后决定，那么一切还皆有可能——这样做的代价自然是不能拥有一段真正的恋爱关系。

我见过一些在大学同时修着两个或三个专业的年轻人，他们错误地认为，这样会给开创事业带来更多的机会。好吧，为什么说为自己争取更多机会是错误的呢？

公元前 3 世纪，项羽带领军队跨过漳水与秦朝军队作战。趁将士们睡觉的时候，他烧毁了所有的船。第二天他对士兵说："你们现在有两个选择，要么作战直到胜利，要么就是死亡。"他排除了士兵们撤退的可能性，使他们都集中在作战这一件事情上。16 世纪西班牙的占领者科尔特斯也用过同样的策略，在到达墨西哥东海岸之后，他下令击沉自己队伍的船只。

项羽和科尔特斯是例外。我们这些普通人会做一切努力为自己争取尽可能多的选择。心理学教授丹·艾瑞里和申哲武曾利用一个电脑游戏说明了这种本能欲望有多么强烈。电脑屏幕上会显示 3 扇门——红的、蓝的和绿的。玩游戏的人最开始有 100 分值。每打开一扇门扣掉 1 分，进入到每个房间可以赢得分值，而且很快就可以发现进入哪间屋子能赢得最多的分值。玩游戏的人都很明智，他们找到了那间可以得分最多的房间，并在整个游戏时间内都停留在那个房间里。接着艾瑞里和申哲武改变了游戏规则。如果一扇门在 12 轮中没有点击打开就会自动消失，不可找回。玩游戏的人便匆忙地从一扇门跑到另一扇门，为了不失去任何一个可以获得分值的房间。他们比之前停留在得分最多的房间少赢取了 15% 的分值。这时艾瑞里和申哲武提高了打开一扇门所需要的分值，3 分才能打开一扇门，但对得分没产生任何影响。玩游戏的人浪费了很多分值，去保住所有的得分机会。即使玩游戏的人被告知，在每一个房间里仍有着与之前一样的得分机会，他们仍不会改变其玩游戏的方式，他们不能忍受失去备用选项的想法。

为什么我们会这样愚蠢？因为由此带来的害处并不明显。只有在金融领域才会表现得很明显，选择任何一种有价证券都要有所付出。而在其他领域尽管做出选择也需要付出代价，但代价是隐形的：每一种选择可能都会消耗精力，浪费很多思考时间和生命。如果一位总裁去审查每一种可以想到的扩展可能性，那到最后他不会得到任何可能性；如果一个企业想要和用户针对每一处细节进行讨论，那到最后用户也不会给予这个企业任何讨论的可能性；如果一个售货员想要跟在每一位顾客身后跑，那到最后他也不会有任何顾客。

结论：我们是着了魔的。总想尽可能多地在婚礼上跳舞，不愿结束任何事，一切都悬而未决，这样不会给我们带来成功。我们必须学会关门。你应为自己制定出一套生活策略——就像公司策略那样，也就是帮你有意识地去忽略一些可能性。“我居住于无限可能中”，这是 19 世纪诗人艾米莉 · 狄金森很美的诗句。确实很美，但没有启发性，因为诗人在那个时候就不是很好的策略制定者。

19 为什么我们要用好的换取新的

对新事物的狂热

50 年之后的世界会是什么样子？那时候人们每一天的生活将会如何？你的身边会围绕哪些事物？在 50 年以前就提出这个问题的人们对于今天的情况有着很混乱的想象：天空中拥挤着飞行的汽车；城市像水晶世界一样；在玻璃摩天大楼之间，磁悬浮列车像意大利面一样轻捷灵活地穿梭其中；我们住在塑料制成的小舱里，在水下城市工作，在月亮上度过暑假；把药片当作食物养活自己；我们不再生育孩子，而是从一份清单中挑选孩子；我们最好的朋友是机器人，死神已经不复存在；而且我们已经把自行车换成了喷气式飞机。

请你看看你的周围，你坐在椅子上——这是埃及法老时代的发明；你穿的裤子是 5 000 多年前发明的，大约在公元前 750 年为日耳曼人所接受；你穿的皮鞋是冰河世纪晚期的发明；你的书架（可能是宜家的Billy型号）不是用塑料做的，而是用木头，这是世界上最古老的建筑材料；你正在阅读的这篇文章是打印在纸上的，可能你还需要一副眼镜，就和你的曾祖父一样；你会坐着用餐，也像你的曾祖父那样，可能也还是在一张木制餐桌上，用着叉子，将一块块烹制的肉类和植物放入嘴里——一切都像之前那样。

那么50年之后的世界会是什么样的呢？哲学家纳西姆·尼古拉斯·塔勒布在他的新书《反脆弱》（*Antifragile: Things That Gain from Disorder*）中给了我们一个提示，他说："你要这样想，大多数已经存在了至少50年的技术，还会再存在50年，而那些刚刚出现几年的技术，也许会在几年之后落伍。"为什么呢？其实看待技术可以像看待物种那样：谁能够在几个世纪的革新洪流中屹立不倒，谁就可以在未来坚守阵地。古老的事物是经得起考验的，这里面其实包含着一个逻辑—即使我们有时候不理解——如果一样东西能延续几百年，那一定有它的道理在里面。

每个想象着未来情形的社会，都把重点过于集中在当前最热门的发明创造上，每个社会都低估了传统技术的作用。20世纪60年代的热点是宇宙航行，于是我们便想象着和同学一起遨游火星；20世纪70年代塑料制品流行，于是我们就想象未来会住在塑料房屋里。我们习惯性地去高估新事物的作用。塔勒布认为这是一种思维错误："对新事物的狂热"。最新的呐喊声会比我们以为"垂死"的事物要消失得更快。当你下次参加一个策略制定会议时，请记住这一点。50年之后的日常生活会与今天的日常生活大致一样，当然肯定到处流行着新的小工具，可能是所谓的魔力技术，但大多数的寿命会很短。"历史废物过滤器"（塔勒布语）

会将其清除。“对新事物的狂热”还有另外一个方面：以前我对那些“最早使用者”——就是不用最新的苹果手机就活不下去的那一类人——还抱有同情心，我还觉得他们在赶超时代，但现在我认为他们就是没有理性的人，是得了某种疾病的人。对他们来说，一个新的发明有哪些具体的益处根本不重要，重要的只有“新”这个特点。

现在很明确的一点是，当你在对未来进行预测时，不要往窗外探得太远。这在马克思·弗里施 1957 年出版的小说《能干的法贝尔》(*Homo Faber*)中就能体现出来，弗里施描写了一位教授对未来电子网络世界的预言：“先生们，你会觉得好笑，但事情就是这样，旅行将成为一种返祖现象。终会有一天，世界上不再有交通，只有新婚夫妇会租车环游世界，其他人就不再旅行了。”我是在几个月前读到这句话的，在飞往纽约的飞机上。

20 为什么煽动宣传会有效果

睡眠者效应

第二次世界大战期间，每个国家都制作了宣传电影，以便民众，特别是士兵，能够充满热情地为祖国而战，甚至牺牲自己的生命。美国为了这类宣传花费了大量成本。在 20 世纪 40 年代美国陆军部想要证明，制作这些高成本的电影是否值得。他们试图通过一系列的研究来探明，观看宣传电影后一个普通士兵的态度能有怎样的改变。但研究结果令人失望：电影一点都没有增强士兵们为祖国而战的热情。

是因为电影很差吗？应该不是。更多的是因为观众在电影播放之前就已经知道电影是为了宣传——这就贬低了电影中要传达的信息。尽管电影有逻辑性的叙述，能带来感情上的触动，但观众会直接将这些内容贬值。

可 9 个星期之后发生了意想不到的事情。心理学家再次测试了士兵们对战争的态度，结果是：在 9 个星期之前看过电影的士兵明显比没看过电影的士兵更有热情，显然宣传是起了作用的！

于是研究者们就碰上了一个难题——因为当时人们已经知道，论据的说服力会随着时间而减弱，它会像放射性材料那样衰退，这一点你肯定有过亲身经历：你读了一篇文章，比如关于基因疗法，刚读完之后你还是兴高采烈的，但过了几周你就不记得是为什么了，再过几周你的兴奋就所剩无几了。

令人吃惊的是，宣传的鼓动效果却正好相反，宣传的说服力将随着时间而增强。为什么呢？当时负责美国陆军部此项调查的心理学家卡尔·霍夫兰将这一让人不解的现象称为“睡眠者效应”。目前对这种效应最好的解释是：人类对目的来源的认知要比对表达论据的认知减弱得更快。换一种说法就是，大脑忘掉信息从哪里来（从宣传部）要比忘掉信息本身（战争是必要的）相对快一些。因此，一个从不值得信任的出处而来的信息会渐渐赢得人们的信任，被视为不值得信任的出处会比信息内容本身被人们遗忘得更快。

在美国几乎所有选举都会用恶意的宣传广告片来抹黑竞选对手，但每个广告片的结尾都会按照法律规定清楚地注明是谁为这个广告片付费。由此每个观众都明白，这是为了竞选宣传。但无数的研究表明，“睡眠者效应”也在其中发挥了作用，特别是对待定的候选人。广告片的制作人会被人们遗忘，但其恶意的言论却会被记住。

我经常问自己，为什么广告会有效果。我以为每个头脑清醒的人只要看出信息来自广告，都不会去相信，都会把它看成是没有价值的。但即使是像你这样明智的读者也很难做到这一点，这里很有可能是因为你在几周以后已经忘了某个确定的信息是出自经过调查研究的文章，还是出自旁边的广告栏。

你如何避开睡眠者效应呢？第一，不要接受任何未经你要求而得到的建议，即使这建议据说是为了你好，这样你可以在一定程度上保护自己不受操控；第二，你要尽可能地躲开广告宣传中的信息；第三，请你试着回忆每一个你熟知的说法的来源，是谁说的？为什么是这样？你应该像侦探那样去思考，想想这对谁有利。当然这意味着你要花费很多精力，并且你的思考速度会变慢，但你会变得更加清醒。

21 为什么你对于哪个是最好的选择很盲目

选择盲目症

你翻阅着一本宣传册，觉得上面的工商管理硕士培训很不错。你的目光流连在常春藤大学和极为现代化的运动设施上。宣传册上到处是面露灿烂笑容的大学生的照片，他们来自世界各地。在宣传册的最后一页你看到了对学费的计算。上面解释了花钱进修工商管理硕士很值得的原因。这 10 万欧元的学费可以使你比一个没有工商管理硕士学位的人在退休时能多挣 40 万欧元，也就是有 30 万欧元的盈利。这是轻而易举的事情，对吗？绝对不是。在这个问题上，你容易走入四种思维误区：第一，是“游泳选手身材幻想”（在《清醒思考的艺术》一书中有过论述），工商管理硕士学历会吸引那些很重视自己的事业并比其他人有着更高收入目标的人，这些人即使没有工商管理硕士学历也有这些目标；第二，完成一个工商管理硕士学位需要两年的时间，这段时间内你在上学没有收入，让我们估计损失的收入大概为10万欧元，那么一个工商管理硕士的学费就不再是10万，而是20万欧元，这笔钱如果用于合适的投资，获利可以超过通过进修工商管理硕士而得到的收入；第三，用30多年的时间来挣30万欧元是很愚蠢的，谁知道30年之后的世界是什么样子？第四，另一种选择是“不去进修工商管理硕士”，而是可以选择其他费用较低并对事业有帮助的培训。第四种思维错误是我们现在要讨论的，我们称其为“选择盲目症”，即人们会自动忘记将其他可能的选项与眼前最好的选择进行比较。

举一个金融领域的例子。假设你的储蓄账户上有一些钱，你向投资顾问咨询意见。他推荐给你一种债券，利率为5%。你的顾问说：“这比1%的储蓄利率要好很多。”买这种债券有意义吗？我们并不知道，因为将它与储蓄利息进行比较是不对的。正确的方式是将这种债券与其他的投资选项进行对比，然后选出最好的一种。著名的投资人沃伦·巴菲特就是这样做的。他说：“我们会将每笔交易与这段时间内第二好的交易做对比，即使这意味着要做更多的工作。”

与巴菲特相反，很多政治家都有这种“选择盲目症”。假设你所在的城市计划在目前未开发的一块土地上建立体育场。对此计划持支持态度的人的观点是：一个体育场能比一块空地给市民带来更多精神上和经济上的益处。但是，把体育场与空地做比较是不对的。正确的方式是将体育场与其他可能性进行对比——除了体育场之外的选择，比如建一所学校、一家医院、一个消防站等，甚至可以卖出这块土地，将卖出的收益投资到证券交易中。

你自己是否有这种“选择盲目症”呢？比如说，你的医生发现你患有肿瘤，你只能再活 5 年。他建议你接受一个很复杂的手术。如果手术成功，肿瘤便可以完全切除，但手术有 50%的死亡风险率。你会做出怎样的决定？你在保险地活 5 年和 50%的死亡风险率之间权衡。这就是“选择盲目症”！也许还有其他手术，尽管不能完全切除肿瘤，但更加保险，你可以再活 10 年，谁知道在这 10 年当中市场上会不会出现零风险切除肿瘤的治疗手段？

结论：当你面对着选项A（读工商管理硕士、体育场、做手术）和现状（不读MBA、空草地、不做手术）时，你习惯于将选项A与现状进行对比，这是错误的。你要做些功课，将选项A与其他选项进行对比，否则很快就会有人把你引入歧途。

22 为什么我们会说后起之秀的坏话
竞争偏见

当我的书位于畅销书榜第一位时，出版社请我帮一个忙。我的一个同事写的书刚刚进入畅销书榜，出版社觉得如果我为他的书写推荐语，就能使其排到更靠前的位置。这里的推荐语指的是印在书封底的赞许性评语。我一直都不理解短短的几句评语究竟能起到什么作用，因为一般情况下，封底上的评语都是正面的，所以一个明智的读者应该会忽略这种鼓吹文字，或者至少也应该以怀疑的态度去比较一下其他书籍上是不是也有这样的评语（是不是在其他地方也读到过）。但不管怎样，出版社坚持要我写几句正面的评语。我有些犹豫，为什么要去做这件会使我自身受到影响的事情呢？我为什么要去帮助可能会威胁到自己的书在畅销书榜排名的人呢？我也为很多人的书写过推荐语，但那些人都不会和我形成竞争。在这里就是所谓的“竞争偏见”起了作用，它指的是不替有可能超过自己的人做推荐的倾向，即便拒绝帮助对方会使自己在长时间内很尴尬。

写图书推荐语是一个无害的“竞争偏见”的例子，但在科学界这种偏见往往是怀有恶意的。每个科学家的目标都是尽可能多地在著名专业期刊上发表论文，获得“专家”的声望。期刊编辑部会请这样的专家评估其他科学家的论文。通常只有两三位专家来决定哪些论文可以发表，哪些不行。如果一位年轻的学者寄来了一篇具有重大意义的论文，这篇论文将使整个专业领域发生根本性的变化，并会动摇这一领域权威人士的地位，这些专家会怎么做呢？他们会苛刻地对待这篇论文——这就是恶意的“竞争偏见”。

心理学家斯蒂芬·加西亚和他的同事举了关于一位诺贝尔奖得主的例子。这位诺贝尔奖得主阻止了一位很有前途的年轻人在其所在的大学获得教职。短期来看，这是可以理解的，但从长远角度来看这是不明智的。这位诺贝尔奖得主很可能使那位年轻人加入另一研究团队并发挥其才华。加西亚推测没有一个研究团队可以连续多年保持领先水平的原因，有可能就是“竞争偏见”。

“竞争偏见”也是很多创业者容易犯的错误。盖伊·川崎在苹果公司做了4年的首席宣传官。如今他是风险投资家，为创业者提供咨询。川崎说：“A级人才会雇用A+级人才，也就是比管理者自身还优秀的人才；B级人才相反只会雇用C级人才，C级人才雇用D级人才，D级人才雇用E级人才，以此类推，直到短短几年之后企业只剩下Z级人才。”他的建议是：请你雇用比自己优秀的人，否则你很快就会拥有一个公司的废物。这里也体现了“邓宁—克鲁格效应”，即无能的人往往无法认识到自己的无能。

艾萨克·牛顿在25岁的时候向伊萨克·巴罗教授展示了自己在业余时间的研究成果，然后巴罗便将其教授的职位让给了牛顿，毫不迟疑。有几位教授会将自己的职位让给学生？有几位总裁会让出自己的位置，只因为他发现两万名员工中有一名员工比他工作得更好？我想不出其他类似的例子。

结论：请对比你有才华的人予以支持，短时间内你会使自己的地位陷入危机，但你绝对是可以从中获益的，因为无论如何总会有人在某一时间超过你。等他们超过你时，你会更容易赢得他们的好感，更方便向他们学习。所以我还是为那位同事写一下书的推荐语吧。

23 为什么第一印象具有欺骗性

最初效应和近因效应

让我为你介绍两位先生：阿莱和本。但不好意思，你没有太多思考时间，你要马上告诉我这两个人中你更喜欢谁。阿莱是聪明的——努力的——爱冲动的——具有批判精神的——固执的——爱嫉妒的，本相反是爱嫉妒的——固执的——具有批判精神的——爱冲动的——努力的——聪明的，如果电梯发生事故，你更愿意和他们中的哪个人被困在电梯里呢？

如果你和大多数人的思维方式一样，那么你会选择阿莱。尽管对这两个人的描述完全一样，但你的大脑对第一个形容词的印象会比对接下来的形容词的印象更深一些，然后你会认为，你面对的是两种不同性格的人：阿莱聪明又勤奋，本爱嫉妒又固执。第一个说出的性格特征比其他所有特征都更加突出，这就是所谓的“最初效应”或“第一印象制胜效应”。

如果没有这种“最初效应”，很多大公司就不会刻意地将公司大堂装修得富丽堂皇，还有你的律师是穿着旧运动鞋还是精致的牛津鞋也就不会显得那么重要了。

“最初效应”会使我们在行动时犯错。诺贝尔奖得主丹尼尔·卡尼曼在他的最新著作中讲述了他在刚成为老师时如何对考试答题进行评分一事。一开始他和大多数老师一样，按照顺序，看完学生A的答题，再看学生B的答题，以此类推。这样，第一个问题回答得好的学生会在一开始就赢得老师的好感——这影响了老师对后续问题的评判。于是卡尼曼改变了打分的方式，他如今会先对所有学生的第一题进行评分，再对所有学生的第二题进行评分，以此类推，这样就避免了“最初效应”的影响。

可惜通过改变打分方式来解决问题并不是处处适用。在招募新员工时，你很有可能聘用给你留下最好的第一印象的人。理想的招聘方式是你将所有应聘的人集合在一起，让他们同时回答相同的问题。

假设你是一家企业监事会的成员，需要和其他成员一起讨论一个你还未形成判断的问题。那么你听到的第一个意见表述会对你产生决定性的影响，对其他参与讨论的人也会产生同样的影响，所以以下建议可能会对你有帮助：如果你在会议上有想法，那就不要犹豫，第一个说出来，这样会给你的同事们留下更好的印象，更快地融入集体；但如果你是会议的主持人，那你询问大家的想法时就要打乱顺序进行——否则你会使每一轮都最先发言的人给其他人留下更深的印象。

“最初效应”也不是总在起作用，还有与之相反的“近因效应”。“近因效应”指的是，获得的信息越晚，人们回忆得就越清楚。这是因为我们短期记忆的存储空间特别小，如果有新的信息进来，那么一些旧的信息就会被挤出去。

那什么时候“最初效应”会起主要作用、什么时候“近因效应”会起主要作用？回答是：如果产生印象后要立即做出决定，那么“最初效应”会起主要作用，比如在文章开篇，你不得不根据阿莱和本两人的性格特征做出选择；但如果之前已经有印象，那么“近因效应”会起主要作用，比如你回忆几周前听过的一次演讲，那么你首先会对其结尾部分有最深刻的印象。

结论：无论是一场演讲、一次销售讨论还是一本书，其中间部分是最没有影响力的。请你不要根据第一印象对事物进行判断，它肯定是具有欺骗性的。请你对一个人的各个方面客观地进行评价，不要先入为主。这绝非易事，但在一些情况下还是可以实现的。例如在一次面试中，我每 5 分钟对参加面试的人评一次分数，然后算出平均分，所以我很确定这一谈话的“中间部分印象”与第一印象和最后印象同样地在起作用。

24 为什么我们感受不到未知的事物

放血效应

一个男人被送到医生那里治病。医生切开了他的动脉，大约有半升的血喷出，那个男人陷入昏迷。第二天医生又给他放了 5 次血，在第 3 次的时候血已经不能喷出，于是医生将一个充满热气的玻璃烧瓶放在伤口上，利用杯内和外界的空气压力差将血吸了出来。于是这个男人身上留下 6 道伤口，半死不活地躺在床上，然后医生将医蛭放在伤口处，医蛭慢慢地吸血，当它们身体鼓到快被血撑爆时，医生再换上新的饥饿的医蛭。就这样治疗 3 个月后病人出院——当然前提是病人还活着。

直到 19 世纪这种治疗方式都是很常见的。这一放血疗法基于身体的“体液学说”。根据这种学说，所有的疾病都源于四种体液的不平衡——黄胆汁、黑胆汁、黏液和血液，而像痤疮、哮喘、糖尿病、癫痫、瘟疫、脑出血、结核病以及其他上百种疾病都是由于体内血液过多造成的，所以要放血治疗。仅在 19 世纪 30 年代法国就用了 4 000 多万只医蛭。这种体液学说统治了医学界 2 000 多年，几乎没有任何一种科学理论可以存在如此长的时间，何况这完全是荒诞无稽的学说，大多数病人被证明如果没有接受放血治疗身体会更好——而且医生们对这一点也毫不隐瞒。

存在 2 000 多年之久的医学界的主导学说以错误的理论为基础。为什么会这样呢？这听上去让人不敢相信，但对于所有拥有完整体系的理论，比如关于人类、证券交易、战争、城市、生态系统、企业的等等，体液学说是其中一个典型例子：我们不是在一种理论被证明错误时放弃它，而是在有更好的理论出现时才放弃它。这不是明智的做法，但这也绝不稀奇。我们将这种现象称为“放血效应”。

我们在生活中经常会同时做两份工作、有两处居住地或处于两段关系之中，但我们从来不会处在两个观点之间。如果我们放弃一个观点，就会马上接受另一个新的观点。观点只有“对”和“错”，有意识的无知——即还不知道的“认识”——在我们的感觉世界里是不存在的。我们不知道无知是什么感觉，所以比起承认自身的无知，我们更擅长虚构理论。科学史专家托马斯 · 库恩最先注意到了这一点：理论的衰败从来都不是因为自身的错误，而是因为有另一种更好的理论出现。

那为什么这种现象很糟糕？因为更好的理论往往是不存在的。美国人几十年来视美联储主席艾伦 · 格林斯潘为半个上帝。2008 年金融市场崩溃后，格林斯潘进行了自我批评，在美国众议院监督委员会上，他坦白地说：“我的整个理论体系崩溃了。”委员会主席问他：“这就是说你意识到你的世界观、你的思维模式是错误的？”“是的。”格林斯潘回答。他这里指的是通过货币供应量来调控经济的理论。尽管如此，西方政府直到今天仍坚持这一理论——不顾在债务、证券交易、生活标准以及通货膨胀方面的种种后果。这仅仅是因为没有其他理论出现——典型的“放血效应”。

“放血效应”对私人生活也会有影响。如果你不想在精神上被“放血”的话，就请你定期地检查你的投资策略、生活理念和你对他人的看法。如果事实和你的观点不符，那么请你立刻放弃你的观点。而且更重要的是，你不要去等待一种“更好”的理论的出现，这很有可能要花上 2 000 年的时间。

25 为什么自己做的菜吃起来更香

非我发明症候群

我的厨艺很一般，我妻子也知道这一点，但我偶尔还是能做出一道在别人看来可以吃的菜。几周前我买了两只鳎鱼，为了避开常见的单调的酱汁，我创造了一种新的酱汁——很大胆的组合，包括：白葡萄酒、榛子泥、蜂蜜、切碎的橘皮和少许黑葡萄醋。我妻子将我浇在鱼上的酱汁刮了下去，然后冲我抱歉地笑笑。可对我来说这酱汁并不难吃，我认真地告诉她这样是在错过一种独特的创造——但我妻子还是抱歉地冲着我笑。

两周之后我又买了鳎鱼，这次是我妻子下厨。她准备了两种酱汁，一种是她做的黄油酱，一种是“法国顶级厨师的配方”。我觉得第二种酱汁非常难吃。饭后她告诉我，第二种酱汁不是什么法国顶级厨师的配方，而是我在两周前创造的酱汁，她是想考考我。通过这个玩笑就验证了我的“非我发明症候群”，即认为所有不是“这里发明的”都是不好的。

这种“非我发明症候群”会使人陷入自己的想法中，不仅是鱼的酱汁，也包括解决方案、经营理念和发明创造。很多公司往往认为内部人士提出的想法比外部人士提供的解决方案更好、更重要。不久之前我和一位软件公司的总经理共进午餐，他公司的专长是开发医疗保险公司的软件。他告诉我，他的软件——以安全性和功能性的客观实际情况来看——要使潜在用户感兴趣非常困难，因为大多数保险公司坚信公司内部研发的软件是最好的。

如果一个团队坐在一起思考解决问题的方法，并接着对方法进行评估，这时就可以明显地看到“非我发明症候群”现象，人们总会认为自己的想法是最好的。有意义的做法是将这一团队分成两组，一组提出新的方法，另一组进行评估——然后再交换过来。

我们会觉得自己的想法比其他人的想法更合适，不仅在兴旺的企业里有这一问题，在大部分利润率很低的新企业中也有这一问题。

在《怪诞行为学 2：非理性的积极力量》（*The Upside of Irrationality: The Unexpected Benefits of Defying Logic at Work and at Home*）[①]一书中，心理学家丹·艾瑞里在《纽约时报》的博客中描述了他是如何对“非我发明症候群”进行测试的。他请读者回答 6 个问题，例如“在没有通过立法对用水量进行限制时，如何降低城市的用水量？”读者不仅要给出建议，还要

① 《怪诞行为学 2：非理性的积极力量》中文版由中信出版社于 2010 年 9 月出版。——编者注

对自己和其他人的建议进行评判，并说明愿意为每种建议投资多少时间和经费，读者只能从给出的 50 个词语里来表达自己的想法——这样做可以确保所有人给出的评判差别不会太大。尽管如此，大多数人仍认为自己的建议比其他人的建议更重要、更适用（所有建议基本是一样的）。

从社会的角度来看，“非我发明症候群”会有很严重的影响。聪明的建议会因为文化差异而不被采纳。瑞士的阿彭策尔半州从未给予女性自主投票权（1990 年以前由瑞士联邦法院来决定），是反映“非我发明症候群”的一个令人吃惊的例子。还有到今天我们仍认为是哥伦布“发现了美洲”，其实在他之前早有人类在那里生活居住了。

结论：我们会陶醉在自己的想法中。为了能够再次清醒，请你适时地保持一定的距离，回过头去审视你那些想法：在过去 10 年里有哪些想法是真的很超群——你要这样问自己。

26 你如何利用不可想象的事情

黑天鹅效应

“所有天鹅都是白色的。”几个世纪以来每个欧洲人都对这一点坚信不疑。随着人们见过的每一只天鹅都是白色的，这一点也愈加不可辩驳。另一种颜色的天鹅？完全无法想象。直到1697年，威廉·佛拉明在澳大利亚探险时第一次看到了一只黑色的天鹅。从此以后，“黑天鹅”便象征几乎不可能发生的事情。

道·琼斯指数年年都会上涨，假设你在证券交易上做了投资，你会渐渐地习惯这种波动不大的起伏。突然有一天，就像1987年10月19日那样，证券交易指数下跌22个百分点，而且没有任何预兆。这种情况在纳西姆·塔勒布的概念里就好比是一只黑天鹅。自从这位当时的炒股者写了《黑天鹅》之后，这一概念就在投资者的圈子里流行起来。“黑天鹅”指的是会给你的生活（或者财务状况、健康）或给一个企业等带来意想不到的巨大影响的事情。“黑天鹅”有积极的影响，也有消极的影响。一块从天而降把人砸死的陨石、萨特在加利福尼亚州发现的金矿、苏联解体、晶体管的发明、穆巴拉克的倒台以及一次完全颠覆你生活的偶遇——这些都可以称为“黑天鹅”。

不论人们对美国前国防部长唐纳德·拉姆斯菲尔德的评价如何，但他至少在2002年的一次新闻发布会上将一个哲学思想清楚地表达了出来，之前从未有人说得像他那样明白。他说：“有些事情我们知道（已知事实），有些事情我们不知道（已知的未知情况），还有些事情我们不知道自己是不知道的（不知道的未知情况）。”

宇宙有多大？伊朗有核武器吗？互联网使我们变得更聪明还是更愚笨？这些都是“已知的未知情况”。我们至少可以寄希望于通过大量研究使这些问题在某一天得到解答。但是“不知道的未知情况”就完全是另外一种情形了。在10年前没有人会预料到脸谱网的广泛流行，这就是一种“不知道的未知情况”——或者说就是“黑天鹅”。

为什么“黑天鹅”如此重要？回答听上去可能很矛盾——就是因为“黑天鹅”会经常出现。尽管我们可以为未来做进一步的规划，但“黑天鹅”经常会使我们的规划无法实现。很多信息的反馈是不直接的，再加上间接性影响的共同作用，就会出现无法预知的结果。原因是我们的思维器官——大脑——的结构是为适应猎人和采集者的生活而进化的。在石器时代，人类几乎不会碰上一些很不寻常的事情，他们打猎获得的牝鹿，可能胖瘦有别，但都不会太偏离一个稳定的平均值。

现如今的情况就不同了，生活可能会出现转折，使你突然得到了高出平均收入几千倍的工资。你可以看看拉里 · 佩奇、罗杰 · 费德勒、乔治 · 索罗斯、J. K. 罗琳或者博诺 · 沃克斯。以前是不存在巨富的，直到现代这些巨富才出现——因为人们的努力再加上“黑天鹅”。

既然异乎寻常的事件发生的概率不能为零，而我们思考世界的方式又容易出现错误，那么你就应该想到所有事情发生的可能性，至少是那些概率大于零的事情。

结论：请你尽量在具有积极意义的“黑天鹅”能吸引到你的领域活动——尽管这仍是不可预知的——成为艺术家、发明家或企业家。相反如果你从事的是时间需求量较大的工作（比如雇员、牙医或记者），你会徒劳地等着“黑天鹅”出现。但即使你觉得这些工作是必要的，也请你无论如何远离那些有消极影响的“黑天鹅”，具体来说就是：不要负债，尽可能保守谨慎地对待你的储蓄，即使在成功的时候也不要沉溺在奢华的生活中。

27 为什么我们的知识不能延伸

依赖域现象

我之前写了本关于思维错误的书，这给我自己带来了很多好处。企业家和投资者以丰厚的报酬邀请我去传授清醒思考的艺术（顺便说一下这本身就是个思维错误，因为如果自己去看书肯定更便宜）。在一次为医生们进行讲授的讨论会上，发生了以下这件事。我讲解了“基础概率忽略现象”，并用医学领域的例子进行解释：一个40岁的男人胸口有刺痛感，可能是因为心脏有问题，也可能是因为压力过大。因为压力过大的情况出现得更多（较大的基础概率），所以医生建议首先针对压力过大的病因进行治疗，这是明智的做法。对于这个例子每个参加讨论的医生都能理解，但当我又举一个发生在经济领域的相似的例子时，大多数医生都被绕晕了。

同样，如果我给投资者们讲课，用发生在金融领域的例子来说明思维错误，他们也会立刻明白，但如果我举出发生在医学领域的例子，很多投资者都会迷惑不解。由此得出的结论是：知识很难从一个领域延伸到另一个领域。这种现象被称为“依赖域现象”。哲学家纳西姆·塔勒布是这样描述“依赖域现象”的：“棋手擅长解决棋局的问题，但仅限于这个领域。我们相信自己可以将能力从一个领域延伸到另一个领域，但实际上是不行的。”

哈里·马科维茨因其“现代资产组合理论”获得1990年的诺贝尔经济学奖，其中他描述了有关投资的优化组合——在考虑风险和收益前景的前提下。但当马科维茨面对自己的投资——也就是如何将自己的积蓄在股票和债券之间分配时，他只是对半分了，一半投资股票，一半投资债券。我们这位诺贝尔奖得主也不能将自己绞尽脑汁想出的方法用在私人事务上。这是“依赖域现象”很典型的例子，马科维茨无法将知识从学术领域延伸到私人生活中。

我有一位朋友，大家都知道他在业余时间喜欢极限运动，他曾经只用绳索系住腰部，穿着滑翔衣就从山顶跳下。他上周和我讨论为什么创立公司是风险很大的事情，因为很难避免破产。我对他说：“我宁可破产也不愿去死。”但他没能理解我这话的逻辑。

身为作家，我早就已经体会到把能力延伸到新的领域是多么困难的事情。虚构情节和人物性格对我来说易如反掌，对着一张空白的书页我不会有任何恐慌，但对其他事情就不行了。比如对着一间空屋子，如果要我进行布置，我会在这个空荡荡的屋子里站几个小时，手插在裤兜里，没有任何有创意的想法。

在经济领域充斥着“依赖域现象”。一个成功的消费品售货员会被软件公司辞退，因为在新的岗位他无法发挥他的优势，他的推销能力无法延伸到科技领域；一个优秀的小组主持人在 100 人的大聚会前会感到不知如何是好；一个有创意的市场营销人员升职为总裁，却提不出任何决策层面上的独到见解。

从马科维茨的例子我们可以看到，将知识从职业领域延伸到私人生活中是尤其困难的。我认识一些首席执行官，他们在公司里都是独具魅力的管理者，但在家庭生活中却做不到这一点。几乎没有一种职业比我们健康的预言家——医生——有更高比例的吸烟者；职业的秩序守护者——警察——在家庭中的暴力行为比非警察人员高一倍；文学评论家肯定只能写出内容最贫乏的小说；而几乎人人皆知的是，婚姻治疗师自己的婚姻比他们客户的还脆弱。

结论：如果人们很擅长某个领域，其能力是很难延伸到另外一个领域的。在学校里学到的知识也是如此，请你想想当时你班上学习最好的学生，我敢打赌你现在已经比他更成功了。

28 为什么你会认为其他人和你想的一样

虚假同感偏差

你更喜欢20世纪60年代的音乐还是80年代的音乐？你认为大家会如何回答这个问题？大多数人倾向于根据自己的想法替别人做出判断。如果你自己喜欢60年代的音乐，那么你会自动地认为大多数和你年纪相仿的人会和你喜欢的一样；而喜欢80年代音乐的人也会认为大多数人和自己一样。我们倾向于高估自己和他人的一致性，我们相信其他人的想法与感受和自己的都一样。这种思维错误被称为“虚假同感偏差”。

斯坦福大学的心理学家李·罗斯在1977年偶然发现了这个问题。他制作了一块牌子，上面写着引人注目的广告词：“欢迎来JOE用餐。”他随意选择了一些大学生，询问他们是否愿意在校园中举着这个牌子走30分钟，同时还要估计一下其他学生中有多少也愿意接受这项临时的工作。那些愿意举牌子的大学生估计，大多数（62%）被问到的学生会同意做这件事，而那些婉言拒绝这一工作的大学生认为，大多数（67%）学生会觉得举着牌子走看上去就像移动的餐厅柱子。这两种大学生都认为自己和大多数人的想法一致。

“虚假同感偏差”在那些利益组织和政治小派别中都有所体现。他们会将其意愿的迫切性自动地高估。例如，他们在公开场合提出问题，如何看待气候变暖的严重性。无论他们在这件事上的立场如何，他们可能都会相信，大多数人和他们的观点一样。如果政治家坚信民众会选择他，那这就不仅仅是盲目的乐观主义了，他们实际上会自动地、无意识地高估自己得到民众选票的概率。如果是参加投票的人，则会高估其所中意的党派受支持的百分点。

在这个问题上表现更夸张的是艺术家们。他们几乎都期待着得到比实际更大的成功。比如我就十分坚信我的新小说会获得突破性的成功，我觉得它至少会和前几本一样好——前几本卖得都相当不错，但读者有不同的看法。我也是自己欺骗了自己，这就是“虚假同感偏差”。

当然在经济领域也很难避开这种思维错误。每个研发部门都坚定支持自己的产品，但消费者的想法是不一样的。在那些技术人员坚信消费者会喜欢其产品的公司，这一问题非常明显。那些爱钻牛角尖的人喜欢自己挖空心思想出的完美作品，并错误地认为消费者也会对此感兴趣。

“虚假同感偏差”还有另一个有趣的方面。对那些不同意我们观点的人，我们往往会认定他们“不是很正常”。这也从李·罗斯的实验中展现出来：那些同意举广告牌的学生认为对此拒绝的学生是“拘谨”和“不懂幽默”，而不同意举广告牌的学生会认为对此同意的学生是“白痴”和“想成为焦点的人”。

也许你还记得在《清醒思考的艺术》一书中提到的思维错误“从众心理”，“虚假同感偏差”和它是一回事吗？其实不是的。“从众心理”是无意识的群体压力，而“虚假同感偏差”是没有压力的，但后者有一种社交功能——这可能也是在人类进化中没有将其淘汰的原因。我们的大脑不是为了认识真相而进化，而是为了尽可能多地留下子孙后代，所以谁会借助“虚假同感偏差”勇敢而坚定地站出来，认为其他人和自己想的一样，谁就会得到更普遍的认同，获得更高比例的异性资源，并能留下更多的子孙后代，自己的基因被继承的可能性就会提高。对此表示怀疑的人都是不怎么受异性欢迎的人。

结论：你要认识到你对事物的观点不是被普遍认同的，而且你还要理解和你想的不一样的人并不是白痴。你不要先去怀疑他人，而是要先去怀疑自己。

29 为什么你总是有道理的

篡改历史现象

威斯顿·史密斯，真理部的雇员，39岁，年纪较大，喜欢思考。他的工作是改写旧报纸的文章和文件，以使其包含最新的认识内容。他的工作很重要，对历史的审查修订给人一种绝对无可置疑的错觉，也能帮助政府来巩固其绝对的权力。这是乔治·奥威尔在其经典作品《一九八四》（*Nighteen Eighty- Four*）中描述的篡改历史现象，这种情况其实很常见。我们的大脑里也有一个威斯顿在工作。这听上去也许令人吃惊，但事实确实如此，而且更糟糕的是：在奥威尔的小说中，威斯顿·史密斯是非自愿地做着他的工作，并最终去反抗现行的社会秩序。而我们大脑中的威斯顿在高效地工作着，并与你的感觉和目标完全保持一致。他会轻松地修改你的记忆，不会引起你的注意，这个威斯顿会无声无息、认真负责地清除着你陈旧的错误观点，所以你会坚信，你之前一直都是有道理的。

1973年美国政治学家格雷戈利·马库斯请3 000个人将与自身观点不同的政治议题（比如毒品的合法化）标记出来——分成从“意见完全相同”到“意见完全不同”几个等级。10年之后，他对相同的人询问了相同的议题，并要他们说出10年前对这些议题的看法是什么。结果在“10年前的看法”这一栏中，这些人的观点几乎和当前的观点一致，而实际却和1973年时给出的看法大相径庭。

我们会无意识地将过去的观点调整为今天的看法，于是就避开了和自身之前的错误相碰撞的尴尬时刻。这是种令人感到舒服的策略，因为即使我们非常经得起磨炼，承认错误也是感情上最难的任务之一，这是令人吃惊的事实。其实当我们意识到犯了错误时，每一次都应该高兴地呐喊，因为我们总算在这一时刻消除了自身的错误观点，又前进了一步，可惜我们往往不是这样做的。

那么，有没有一些记忆会准确地留在大脑中呢？你记得很清楚，当2001年9月11日你得知纽约遭到恐怖袭击时，你人在哪里。你很确定地知道，在那一刻你在和谁说话，你的感受是怎样的。你对那天的记忆特别清晰具体——如心理学家所说：闪光灯记忆就像拍的照片一样准确无误。

其实，这是不正确的。闪光灯记忆与普通的记忆一样，也是有错误的，它是大脑重构的结果。亚特兰大埃默里大学的乌尔里希·奈塞尔对“闪光灯记忆”进行了实验。在1986年“挑战者”号航天飞机失事之后，他让学生写作文，将各自对此事的印象进行了描述。3年之后他又让学生针对“挑战者”号失事事件重新写了作文，不到7%的学生在这次作文中的描述与3年前的吻合，

50%的学生描述的内容有三分之二是不相吻合的，有 25%的学生没有任何细节符合。奈塞尔给一名两次描述完全不吻合的女学生看了她自己 3 年前的作文，女学生的回答是：“我知道这是我的笔迹，但这不可能是我写的。”目前遗留的问题是为什么“闪光灯记忆”会让人觉得如此准确，人们还未找到答案。

结论：你对第一次遇到你伴侣的时刻记得像闪光灯拍照那样清晰，但请你换个角度，想象一下这记忆中有一半是不准确的。我们的记忆被错误所充斥，即便是似乎很准确的“闪光灯记忆”。这一问题的后果可能是无害的，也可能是致命的，请你想想用来辨认犯罪嫌疑人的目击报告或模拟画像，如果没有进一步调查就相信这些材料，将会非常不可靠，即使证人坚决地声称他可以准确无误地再次认出凶手。

30 为什么你要和你的团队保持一致

群体内外偏见

当我还是个小男孩时，冬天的周日都是这样度过的：我们一家人坐在电视机前看滑雪比赛。我的父母都希望瑞士的滑雪队赢，他们希望我也支持瑞士队。但对于这种想法我不能理解。第一，为什么非得踩在两块木板上朝着一座山向下滑？第二，百分之一秒的差别其实不是差别，正常的人理解应该是：如果两个队员的速度差别是如此微小，那他们其实滑得是一样快的。第三，为什么我就要支持瑞士的滑雪队呢？我不认识这些队员，也不知道他们在读着什么或想着什么，如果我住在瑞士边界，我还可能会支持邻国的一支队伍。那么我们现在的问题是：与一支体育队、一个种族、一个企业或一个国家——保持一致，是一种思维错误吗？

与其他行为模式一样，群体同一性也是经过几千年的进化而形成的。归属感在以前是生存所必需的，从群体中被排除肯定意味着死亡，那时人类靠自己几乎无法找到食物或抵御进攻，而且通常在个人与群体为敌时，个人一定会输。

个人加入群体，也会被迫和群体做一样的事情。谁不这样做，不仅在这一群体中没有一席之地，而且在所有的群体中都不会有。我们是群体中的人，这不是什么使人吃惊的事实，因为我们的祖祖辈辈都是这样。

心理学家研究了各种可以归结为“群体内外偏见”的群体效应。

第一，群体可以基于很小，有时甚至是微小的标准而建立。在体育活动中偶然的出生地相同就可以形成群体，在经济活动中偶然的企业分类也可以形成群体。英国心理学家亨利·泰费尔在一次实验中，通过抛硬币的方式将参加实验的人（彼此都不认识）随机分成两组，然后对其中一组成员说，他们肯定都会喜欢他们还不熟悉的一种艺术风格。实验的结果令人印象深刻：尽管他们互相不认识，尽管他们只是随机凑在一起，尽管他们不懂什么艺术，但这一组的成员明显觉得组内的人要比组外的人更亲切。

第二，在群体之外的人看上去要比实际显得更相同，人们称之为“圈外人同质效应”，原因要归结于陈词滥调和偏见。难道你没有注意到在科幻电影里只有来自不同文化背景的生物，而没有尘世之外的生物？

第三，因为群体往往基于共同的价值观而建立，所以群体内成员的观点会得到认同的可能性更大。这种偏见是危险的，特别是在企业里，那种常见的盲目运作就是出于这个原因。

人们可以理解家庭成员之间的互相帮助。如果你和你的兄弟姐妹有一半的基因相同，这一生理上的特点肯定会对你有影响。但所有思维错误中最愚蠢的错误是，为了随意组成的群体而牺牲生活。这种现象也叫作“加入战争”。用“祖国”这个词来暗示联系并不是一种偶然；同样，战争教育的目标是将士兵们像“兄弟”一样团结起来，这也不是个偶然。

结论：对于陌生人的偏见和厌恶是生物学上的事实。对一个群体的认同感会扭曲你对事实的看法。如果你什么时候被送到前线去，那你还是当逃兵吧，为了其他人而奔赴战场首先就不是勇敢——而是愚蠢。

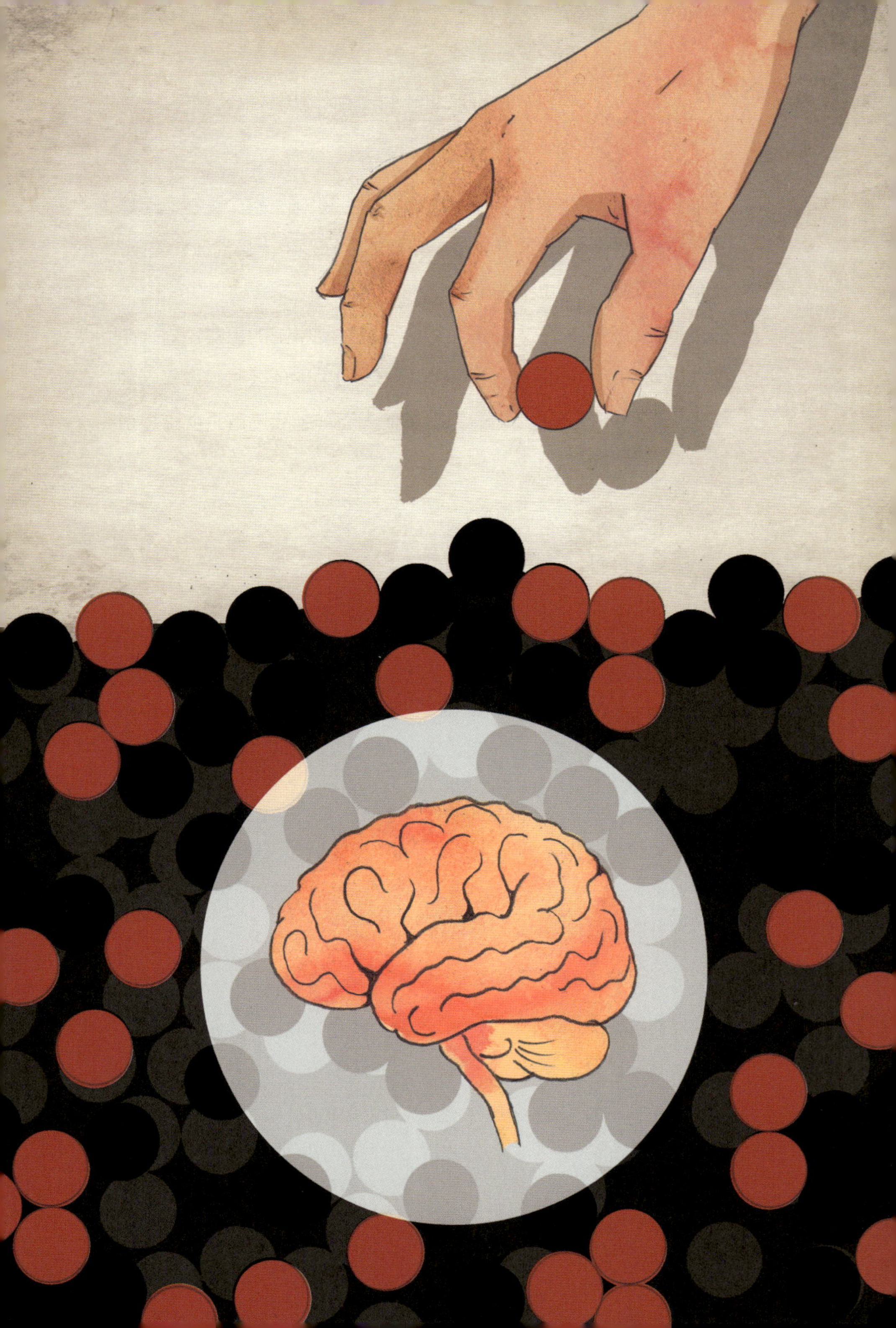

31 为什么我们不喜欢天马行空
模糊不容性

假设有两个抽奖箱，箱子A里面有50个红球和50个黑球，箱子B里面也有100个球，一些是红球，另一些是黑球，但具体的数量你不知道。要你随意地去抽球，如果抽到红球我给你100欧元，你会选择去哪个箱子抽球——A还是B？如果你和大多数人的想法一样，那么你会选择箱子A。

我们再换一种方式：还是之前那两个抽奖箱，这次你抽到一个黑球我给你100欧元，那么你会选择哪个箱子？估计应该还是箱子A。但这里面的逻辑是不对的！第一次的时候你认为抽奖箱B中的红球少于50个（也就是黑球多于50个），那第二次的话你应该是选择箱子B。

不过别紧张，你不是唯一一个有这种思维错误的人。有这种思维错误的人很多，人们称之为“埃尔斯伯格悖论”，是以哈佛大学心理学家丹尼尔·埃尔斯伯格命名的（顺便说一句，他之后因向媒体公开五角大楼文件迫使尼克松总统辞职）。埃尔斯伯格悖论也叫作“模糊不容性”，指的是依照经验做出判定时，我们更喜欢已知的可能性。

这里我们要区别风险和模糊这两个概念。风险指的是已知的可能性，你只需在这已知的基础上做出判定，是风险太大还是可以接受。但在模糊的情况下你是不能这么做的。这两个概念就像卡布奇诺和拿铁一样经常被人混淆——而且后果也相当严重。对于风险人们是可以计算的，但模糊不可以计算。风险计算这一科学已有 300 年的历史，有很多教授对它进行研究，但没有一本教科书是关于“模糊”的。我们试图将“模糊”强行归入风险的范畴，可实际上是不合适的。这里举两个例子，一个是医学方面的（适用），一个是经济学方面的（不适用）。

世界上有几十亿的人，身体特征的差别不是很大。我们的身高都相近（不会有人长到 100 米），寿命也相近（不会有人活 1 万年或者只活 1 毫秒）。我们大多数人都有两只眼睛，两个心房，如果和老鼠相比，那么人与人之间的特征是最相近的。这就是为什么人们患上的很多疾病是相似的原因。所以如果声称“你死于癌症的概率为 30%”，这是有意义的，但如果说“欧元在未来 5 年内贬值的概率为 30%”，这就没有意义。为什么呢？经济本来就属于“模糊”的范围，这里没有几百亿种可比较的货币，也不能从其发展史中推断出可能的趋势。这同样也是生活保险和信用违约掉期的区别。前者在风险可以计算的范围内，后者属于“模糊”的范围，这两个概念的混淆导致了 2008 年经济危机的发生。所以如果你听到这样的话，比如：“过度通货膨胀的风险概率是多少”或者“我们这只股票的风险概率是多少”，你都应该三思而后行。

如果你不想仓促地做出错误的决定，你必须要忍受“模糊”。可惜能忍受多少不是你自己可以决定的——你的杏仁核在这里起着重要的作用。杏仁核是你头骨中间果仁般大小的一个脑区域，每个人杏仁核的结构不同，对于“模糊”可以忍受的程度也不同。这首先就能从你的政治观点中看出来：你越能够忍受“模糊”，你所赞成的政党就越保守。

总之，想要清醒思考的人必须理解风险和模糊之间的区别。只有在很少的情况下我们才能清楚地算出风险概率，大多时候我们只有这种令人厌恶的模糊，你要学着去忍受。

32 为什么我们会认为现状最好

默认效应

我绝望地看着葡萄酒单，依户雷基？哈斯莱威路？素素梅尔乐？我并不是红酒的专家，但这家餐馆显然是有位红酒师想要展示他的小资情怀。酒单的最后一页拯救了我：“餐厅自酿红酒，都·帕特隆庄园，勃艮第，52 欧元”，我马上点了这种酒，应该不会太难喝。

我买苹果手机已经有一年了。它提供了每一种可以想到的功能——从铃声到背景音乐再到浏览器缩放以及照相机快门声音调节。到目前为止我使用了多少个这样的功能呢？你可能已经猜到了答案：一个也没有。

这并不是因为我在技术方面是个白痴，而是因为在这里我也是“默认效应”的受害者。标准的设置（即默认设置）是有吸引力的，是令人感到舒服的。这就是我对餐厅自酿酒和苹果手机功能的态度。大多数人都会习惯于标准的内容，比如汽车买家会选择默认的颜色——如果每本宣传手册、每段视频和每个广告都是煤灰色，那么决定买这一默认色的汽车买家会占大多数。

经济学家理查德·泰勒和法学教授卡斯·桑斯坦在其合著著作《助推：事关健康、财富与快乐的最佳选择》(*Nudge*)[①]中，说明了政府如何在没有违背宪法中规定的不能限制公民自由的前提下对公民进行引导。政府会提供多种不同的选项，也会为没有做出决定的公民提供默认选项。新泽西州和宾夕法尼亚州就是以这种方式给市民提供两种可选的汽车保险。第一种保险比较便宜，但人们要放弃在事故中获得一定程度赔偿的权利，新泽西州政府将这种便宜的保险设为默认选项，大多数市民也就选择了这一种保险；而宾夕法尼亚州政府将较贵的一种保险设为默认选项，不出所料这种较贵的保险受到了更多市民的青睐。这个事例让人吃惊，因为这两个城市的市民应该不会有太大区别。

科学家埃里克·约翰逊和丹·戈尔德施泰因询问人们是否同意在死后捐赠自己的器官（默认选项是同意捐赠器官），而没有询问是否愿意捐赠器官，通过对选项设定的简单更改，被调查人群中同意捐赠器官的比例由4%提高到80%。

如果没有预先给出默认选项，这种“默认效应”也会起作用：我们就会把现状作为默认选项，保持现状而不做出改变。人们喜欢自己已经了解的东西。在尝试新事物和保持现有状态这两者之间，我们通常都是极为保守的——即使做出的改变是有利的。

---

① 《助推：事关健康、财富与快乐的最佳选择》中文版已由中信出版社出版。——编者注

例如我存钱的银行对于寄送账户结账单每年要收取 60 法郎的年费，如果我选择电子账单，这笔钱是可以省下的。尽管我已经多年对这种收费服务表示不满，但直到今天也没下定决心取消它。

这种“现状最好”的偏见是如何产生的呢？除了追求纯粹的安逸之外，我们对损失的规避在这里也起了作用（《清醒思考的艺术》一书中曾提及，你可能还有印象）。损失带给我们的不悦感是同等收益带给我们的愉悦感的两倍。比如说人们很难对已生效的合同重新进行谈判——无论是私人事务还是两国之间，因为对合同所做的每一个让步都是损失。如果对方让步，则是自身赢利，但因为损失给人带来的不悦感是双倍的，所以每一次重新谈判给人的感觉都是净损失。

“默认效应”以及它的特殊类型“现状偏见”都会产生这样的影响：我们有极为明显的倾向去牢牢抓住现有事物，即使这会给我们带来不利的影响。和我在一桌吃饭的人品尝了我点的餐厅自酿红酒之后说：“嗯，这肯定还需要在杯子里醒一下。”但我知道他的表情绝不意味着他感觉味道良好。

33 你为什么会喜欢“最后的机会”

害怕后悔

先讲两个故事。保罗持有公司A的股票，在这一年中，他考虑要卖出公司A的股票而买进公司B的股票，但他没有这样做。如今他发现如果这样做的话可以多赚1 200美元。第二个故事：乔治持有公司B的股票，在这一年中他卖出了公司B的股票而买了公司A的，如今他发现如果他没有卖出公司B的股票，他也可以多赚1 200美元。那么这两个人谁更后悔？

后悔是对做错决定的一种感觉。人们希望能再得到一次机会。那么保罗和乔治谁会更后悔呢？从调查的结果可以很清楚地看到，8%的被调查者认为保罗更后悔，92%的被调查者认为乔治会更后悔。为什么观点差别如此之大？客观上来说，这两种情况是一样的，保罗和乔治都很遗憾地做了错误的选择。唯一的区别是：在乔治去买股票A的时候，保罗已经有了股票A。保罗是被动的，而乔治是主动的。保罗和大多数人一样——会将自己的钱放在一处不去动用，而乔治的情况比较特殊，显然这种不按常规办事、不与大多数人行为一致的人会更后悔。

但有时候不去付出行动反而会更后悔。比如，一家历史悠久的出版社是唯一一家抵制电子书的，其社长说："图书是纸制成的。"他坚持这一传统，绝不考虑其他可能。如今有 10 家出版社破产，其中 9 家是因为电子书出版策略没有成功，而第 10 家正是坚持纸质图书的这一家，那么 10 家出版社中谁会对过去的决定更不后悔？肯定是坚持传统的那家。

还有一个例子是来自丹尼尔·卡尼曼的著作《思考，快与慢》(*Thinking, Fast and Slow*)[①]：在每次坠机事件之后，我们总能听说某个倒霉的人，本来计划早一天或晚一天乘坐飞机，但出于某种原因在最后时刻将机票换成了坠机这一班。所以我们对他比那些一开始就订了这一不幸航班的"大多数人"有更多的同情心。

这种对后悔的害怕有时会使我们做出不理智的行为。为了今后不再有这种可怕的后悔感，我们倾向于保守地行动，也就是不让自己的做法太偏离常规。没有人能避开这种倾向，即使是专业的股票经纪人。有统计显示：在 12 月 31 日——这一天会测评年度业绩并计算分红——股票经纪人倾向于卖出有特殊情况的股票，并选择与大多数投资者保持一致。另外这种对后悔的害怕还会使人们不敢扔掉无用的东西，因为你担心在一些情况下那种不悦感会降临，比如又一次需要用到已穿坏的网球鞋。

---

① 《思考，快与慢》中文版已由中信出版社出版。——编者注

最愚蠢的情况是将这种对后悔的害怕与“最后的机会”结合起来。一个团体旅行的广告宣传册上写着：在犀牛灭绝之前看到它的最后机会。如果我们现在并不认为看犀牛是很重要的，那么因为宣传册上的话而打算去旅行就是不理智的了。

让我们假设你一直梦想有一幢独居房子，但建筑用地紧张，能看到海景的小块土地很少了，从三个到两个，到仅剩“最后的机会”！这个声音冲进你的大脑——然后你就花天价买下了那块地。对于后悔的害怕让你忘了市场上总会有带海景的地产这一事实，繁荣的不动产交易不会恰好就在今天结束。“最后的机会”使我们不去动脑筋思考，而对于后悔的害怕可以使我们整个人生发生翻天覆地的变化——有时候还是以悲剧的方式：我认识一些在40岁出头因短暂情缘生下孩子的女人，她们为此付出的代价是活在相当糟糕的条件下。

34 为什么显眼的不等于重要的

凸显效应

我们假设大麻是最近几个月媒体关注的话题。电视上对吸食大麻者、种植者和贩卖者做了形象的报道。街头小报上会印着一幅吸食大麻的 12 岁孩子的图片，严肃的报纸则会对毒品的出现及发展过程展开介绍，并说明大麻在社会学和哲学方面的影响。于是人人都在谈论着大麻。同时我们也假设，吸食大麻不会影响司机开车。正如每个人都有可能发生交通事故一样，有时候发生事故的司机正好吸了大麻，但这也许仅仅是偶然。

库尔特是一家地方报纸的记者。这一晚他碰巧路过一个事故发生地。一辆汽车死死地撞到了树干上，因为库尔特与当地警察有着多年的良好关系，所以他得到消息，警察在事故车辆的后座上发现了大麻。他飞奔回编辑部，写下了耸人听闻的标题：“再次发生：大麻使汽车司机送命！”

在这种先入为主的观点之下，这一标题当然是完全没有根据的。库尔特其实是“凸显效应”的受害者。“凸显”描述的是一种十分引人注目的特征，一种非常显著的标志，一种异乎寻常之处，是一种一下子能“吸引住眼球”的东西。“凸显效应”是指一种十分显著的特征得到了比它实际应得的更多的关注。就像我们之前假设的那样，大麻和交通事故之间的联系在统计学上为零，但因为大麻是这起事故的“凸显”特征，所以库尔特会认为大麻是造成事故的原因。

几年之后，库尔特升职做了经济新闻版的记者。在某家全球闻名的大型公司，一位女性坐上了首席执行官的宝座。这是个大新闻！库尔特打开笔记本电脑写了句他自以为很聪明的标题：“女性得到升职。”只是因为是位女性。实际上这一升职可能和性别没有任何关系——虽然在企业高层任职的大多都是男性。如果女性成为公司领导意义如此重大，那么其他公司也应该早就注意到了这一点。性别在这一新闻中只是一个“凸显”特征，却被拿来大做文章。

不仅仅是记者会成为“凸显效应”的受害者，其实人人都有可能。一家银行遭抢劫，两名犯罪嫌疑人被抓获，然后证实这两个人都是尼日利亚人。尽管从来没有一个民族在抢劫银行上占有过多的百分比，但这一“凸显效应”会使我们产生偏见。我们会想：又是外国人。一个波兰人犯下强奸案会将案子重点引到“波兰人”上，而不是其他令瑞士人或德国人也可能犯案的动机。偏见就是这样形成的。人们很少去想大多数移民其实都在过着自己的太平日子，却往往不会忘记负面的特例——因为它们特别“凸显”，所以只要关系到移民，我们就会想起这些特殊的事例。

“凸显效应”不仅会在我们回想过去也会在我们展望未来时起作用。诺贝尔奖得主丹尼尔·卡尼曼和他的同事阿莫斯·特沃斯基发现，我们在进行预测时会过度重视“凸显”信息，这也说明了为什么炒股者对于突发消息（例如一位总裁被辞退）的反应要比对一个不太“凸显”的信息（比如一家公司长年的利润发展情况）的反应要强烈得多，在这一点上连专业的经济分析师都不例外。

结论：“凸显”的信息会对你的思想和行动有特别的影响，相反，对于隐晦的、缓慢形成的和无声的消息你不会太当真。请你不要被“异常”所迷惑：一本有着不同寻常的鲜红色封面的图书进入畅销书排行榜，你的第一反应是将图书的成功归功于惹眼的封面，不要这么想，请你打起精神来抵制那些似乎是顺理成章的解释。

35 为什么实践高于研究

知识的另一面

你是会选择让一位读过上千本医书但从未给病人动过一次手术的医生为你开刀，还是选择一位做过上千次手术但没读过一本医书的医生开刀？你房间里的物品有多少是依照书本知识开发出来的，而又有多少是通过尝试和犯错误发明出来的？

一位制药集团的首席执行官在和我一起吃晚饭时说："我无法用语言来形容这是什么，但当我在公司里巡视时，我可以马上察觉哪些部门运行良好，哪些部门有问题；当我雇用员工时，短短几秒之内我就可以感觉到他是否合适；当我和供应商谈判时，我凭直觉就能知道谁想欺骗我；当我准备收购一家公司时，投资银行几千页的报告远远没有一趟短短的公司巡视有用。"

我问他："你是在哪里学到这些的？是在哈佛吗？"

他摇了摇头："通过一些好的领导学到了些，当然我在发展自己的事业时犯了上千个错误，从中学到了很多。"

知识有两种类型：用语言描述的知识和非语言描述的知识，我们往往过度地重视了用语言描述的知识。

在 4 年的组装实践之后，莱特兄弟在 1903 年 12 月 17 日成功造出了第一架飞机。他们实现自己的这一梦想并不是靠着学习前人的科学理论，因为当时还没有这种理论，在那之后 30 年飞机制造理论才得以成形。

20 世纪 50 年代，马尔康 · 马克林想到了发展集装箱的点子。人们不用再将包装好的每件货物逐一从货船搬至货车，而是可以直接将整个集装箱搬到货车上。正是由于马克林的这一想法，我们如今在购买着世界各地的产品而不用过多担心货运成本。马克林在成立他的公司之前没看过任何关于集装箱运输的图书，当时也没有这样的书。

谁发明了自动织布机、蒸汽机、汽车和白炽灯？绝不是理论家和实验室的研究人员，而是那些喜欢思考的人。我们对知识分子、学者、理论家、作家、著书者和专栏作家的评价过高，而低估了实践者和干实事的人。想法、产品和能力主要通过尝试和体验获得，很少通过查阅书本和思考前人理论而来。我们不是靠着学习关于游泳的理论来学会游泳，不是因为经济学家才有了经济体系，不是依靠政治学的各位教授民主才得以维护。我同意特伦斯 · 基莱的观点：不是因为大学才形成了繁荣的社会，而是繁荣的社会供养了大学，因为社会可以承担这一支出。

但用语言表述的知识究竟有什么问题？首先，这类知识没有一些模糊不清的内容，一篇文章是清楚明白的。这种清晰在实际生活中却是不存在的。如果我们以清楚明白的知识为基础来做决定，我们很可能对有较大风险的事情表示认同，我们会将自己置身于臆想的安全中。最经典的例子是基于理论模型做出的投资决定，这是导致银行出现危机的原因之一。

其次，写书的人（包括我自己）和从不写书的人有不同的思考方式，因此我们不能将文章看成是对现实世界有代表性的反映。那些不写书的人和写书的人想的是完全不一样的吗？这是极有可能的，我们不知道他们的思考方式，因为他们没有把这写出来。

最后：文字会掩盖能力。表达能力好的人会赢得更好的机会。谁没有在邮件和报告中很好表述，谁就往往得不到升职——尽管他本来有这个能力。

结论：重要的知识在实践中。请你把对文字的敬畏放到一边，从现在开始停止阅读，做些可能会失败的尝试。

36 为什么钱不是赤裸裸的

赌场赢利效应

20 世纪 80 年代初一个刮着微风的秋日，潮湿的树叶不紧不慢地摇晃着落到人行道上，我正忙着把自行车往学校所在的小山坡上推，突然看到自己脚下有一片形状奇怪的叶子，它很大，是赭色的。我弯下腰时，看到那是一张 500 法郎的钞票。500 法郎——这对一个学生来说就是天赐的礼物。

我把钱放进钱夹，没多久就花了它。我买了一辆带圆盘刹车和禧玛诺变速器的高级自行车，是当时市场上最好的型号之一——尽管我的旧自行车还完好无损。

那个时候我自己也攒了几百法郎，但从没想过用攒起来的钱去买一辆不必要的自行车，最多偶尔去看场电影。等到很久以后我才意识到我那时的做法是多么的不明智。人们说钱只是钱，但实际上并不是这样去理解它的。根据钱的来源不同，人们的做法也不同。钱不是赤裸裸的，而是被包在感情的外衣里的。

提两个问题。第一个问题：你辛辛苦苦地工作了一年，年底时你的存款多了 2 万欧元，你会用这笔钱做什么呢？（1）把它存在可靠的银行账户里；（2）用它投资；（3）购置必要的物品，例如重修已经有了霉味的厨房；（4）用它买一艘豪华游艇。你会如何决定呢？如果你和大多数人想的一样，那么就会选择（1）、（2）或（3）。

第二个问题：如果你的彩票中了 2 万欧元，那么你会用这笔钱做什么呢？再看一遍刚才的选项，你会选哪一个？大多数人现在会选（3）或（4）。这就是一个思维错误，因为 2 万欧元仍是 2 万欧元。

在赌场中可以看到类似的思维错误。我的一个朋友在轮盘赌下注 1 000 欧元，然后全输了，谈到这一点时他说："我并没有输 1 000 欧元，那是我之前赢来的。"我说："但还是输了这么多钱啊。"他笑着说："对我来说不是这样的。"

我们花赢来的、偶然捡到的、继承的钱要比花挣来的钱更草率。经济学家理查德·塔勒尔将此称为"赌场盈利效应"，就是说人们在投机赢利之后愿意接受的风险等级升高，所以中彩票的人在几年之后往往比赢得大奖之前要穷。连民间俗语都能反映这一"赌场盈利效应"，"来得容易去得快"就是对此更通俗的说法。

塔勒尔将他的学生分成两组，他对第一组的人说，他们正好赢了 30 美元，可以选择玩抛硬币的游戏，如果是数字朝上他们赢 9 美元，人头朝上他们输掉 9 美元，70%的学生选择去玩这一游戏；塔勒尔对第二组的人说，他们没有赢得什么，但可以选择是直接保险地赢 30 美元还是玩抛硬币的游戏，如果玩的话，人头朝上他们赢得 21 美元，数字朝上他们赢得 39 美元。第二组学生的做法就相对保守，只有 43%的人选择冒险——尽管两种情况的期望值都是一样的，即 30 美元。

市场策略专家都知道“赌场盈利效应”的作用。线上赌博门户网站在你加入会员时会先“赠送”你 100 美元的赌资；美国的信用卡公司在你填申请表时会“赠送”你 100 美元的奖金；航空公司在你加入常客俱乐部时会赠送你里程；一些电话公司在最开始会赠送你通话时长，让你打了很多没必要的电话；另外还有很大一部分的优惠券也都基于“赌场盈利效应”。

结论：当你赢了钱或某些公司“赠送”给你钱时，你要格外小心。你由于高兴而大手大脚花钱的风险很大。你最好将这些钱诱人的外衣剥去，将钱存入你的银行账户中。

37 为什么新年时下的决心很难实现
拖延症

我有一位朋友，是位作家，就是懂得将感情转化成文字的人，也可以说是语言艺术家。他用 7 年时间写了一本将近 100 页的很薄的著作，算起来是每天写两行。当被问到他的效率为何如此之低时，他说道:“收集资料要比创作舒服得多。”实际上他经常花数个小时在网上闲逛，或者沉迷于各种深奥的书籍——希望能赶上一个宏大又没有结尾的故事。当他发现了一个合适的场景时，他又坚信只要没有“适当的心情”，写出来的内容也不会好。可惜他有“适当的心情”的时候又很少。

我的另一个朋友 10 年来一直打算戒烟，现在他每次抽烟都会说是最后一次。我自己呢？我的纳税申报单已经在办公桌上放了 6 个月——看来我是希望它们能自动被填好。

科学家将这种不愿意做重要的事情而进行拖延的现象称为“拖延症”或“行动拖延”，比如去健身俱乐部、换一个更划算的个人保险、写答谢卡等，这些事情即便在新年时就下了决心但都很难完成。

“拖延症”是不理智的，因为我们的打算绝不会被自动完成。我们也不是不知道哪些是对我们有益的，那为什么还总会拖延一些重要的事情呢？因为在付出和收获之间有一道时间的鸿沟，要跨越这一鸿沟需要很大的精神力量。正如心理学家罗伊·鲍迈斯特在一个绝妙的实验中所展示的：他让一组学生站到一个烤箱前，烤箱里散发出巧克力饼干的味道。然后他将一碗小红萝卜放在烤箱前并告诉学生，想吃多少小红萝卜都可以，但是饼干绝对不能吃。他给这组的学生 30 分钟的时间单独留在屋子里。而另一组学生则是想吃多少饼干都可以。在这之后两组学生都必须解开一道很难的数学题。被禁止吃饼干的学生组放弃数学题的时间比可以随便吃饼干的学生组多了一倍。因为自我控制是消耗精力的，第一组的学生耗尽了用于解题的意志力。意志力就像电池——至少在一段时间里是这样。如果精力被消耗了，那么应对之后的挑战就不够了。

这是一个很基本的认识，自我控制力不可以持续一整天，它需要放松，需要充电。这一认识是避免“拖延症”的第一个必要条件。

第二个避免“拖延症”的必要条件是一些能阻止我们分心的秘诀。我写小说的时候会关闭网络，因为当工作变得很吃力的时候，上网闲逛的诱惑是很大的。最重要的一个秘诀是制订时间计划，心理学家丹·艾瑞里断定，外界给出期限是最有效果的，比如老师或税务局给定完成时间。只有当任务被分解成清晰的步骤，并且每一步都有时间期限时，自我制订的计划才有效，所以每个人的新年决心如果没有清晰的分步目标，肯定是无法实现的。

结论："拖延"是不明智的做法，但却是人人身上都可见的。与之抗争你需要一系列的秘诀。我的女邻居是这样在3个月之内完成她的博士论文的：她给自己租了间没有电话和网络的小房间，为论文的三个组成部分订出三个节点计划，她给每个感兴趣的人讲解她自己定下的目标，甚至把目标还印在了她名片的背面。这样她将自己设定的完成时间转化成了一种公开的设定，而且在中午和晚上她会通过翻看时尚杂志和睡觉来给自己充电。

38 为什么你需要自己的王国
妒忌

下面三个场景，哪个场景最使你烦躁？（1）你所有朋友的平均收入提高了，只有你的收入保持不变；（2）你所有朋友的平均收入保持不变，只有你的降低了；（3）你所有朋友的平均收入降低了，你的也降低了。你是否选择了（1）？别害怕，你不是不正常——只是很常见的妒忌者而已。

有一个俄罗斯的民间故事：一个农民发现了一盏神灯，他碰触神灯后，一个精灵突然出现在他面前，答应要满足他一个愿望。那个农民想了一会儿最后说："我的邻居有一头牛，而我没有，我希望我邻居的牛倒地死掉。"

也许你会发现你和这个农民是一样的，或者是相似的，这话听上去荒谬，但实则不然。你的同事拿到了高额奖金，而你却没有，于是你便产生了这种感情：妒忌。于是这就引起了一系列的不理智行为：你不再对这名同事提供帮助，你设法破坏他的计划，甚至还会扎他的保时捷轮胎。他在滑雪时摔伤了腿，你会暗自高兴。

在所有的感情中，妒忌是最愚蠢的。为什么呢？因为与愤怒、悲伤或害怕相比，它相对来说是比较容易克制的。金牌投资人查理·芒格说："去关注是否有人挣钱比你快是种致命的罪行。妒忌真的是种非常傻的罪行，因为它是唯一一种无法给人带来半点乐趣的感情。它带来那么多痛苦而且毫无乐趣，为什么还有人要这么做呢？"

妒忌是由很多原因引起的——财产、地位、健康、年轻、能力、受欢迎度、美丽等。妒忌经常和嫉妒混在一起，因为二者在生理上的反应相似，但区别是：妒忌是在两个人之间，而嫉妒至少要三个人（彼得嫉妒库尔特，因为漂亮的女邻居只按了库尔特的门铃而没有理他）。

妒忌有意思的地方是：我们主要会妒忌和我们在年龄、职业和生活方式上相近的人。我们不会妒忌上个世纪的企业家，不会妒忌植物或动物，不会妒忌在另一半球生活的亿万富翁，但很有可能妒忌一个在自己身边的亿万富翁。作为作家，我不会妒忌任何音乐家、经理或牙医的成就，但却会妒忌另一位作家。亚里士多德早就看透了这个道理，他曾说："陶匠会妒忌陶匠。"

这也将我们引到一个典型的行为错误上：你在事业上取得了成功，你可以搬到苏黎世的黄金海岸边居住。最初的几周里，你享受着苏黎世河畔夕阳的倒影，以及告诉朋友你的新地址时朋友的反应。但不久你会发现，你周围别墅里住的人档次更高，之前和你地位不相上下的社交圈变成了更富有的人群，那么结果肯定就是妒忌和社会地位上的压力。

妒忌一旦出现，就不容易消失，但你可以避免它。第一，你要停止与其他人比较；第二，找到你自己擅长的事物，建立起以你自己为主导的圈子，这个圈子的大小无关紧要，只要你是其中的国王就行。

与其他感情一样，妒忌也起源于人类的进化过程。住岩洞时人类会去抢夺更大块的战利品，这意味着输了的人只能得到较小的部分。妒忌会驱使我们去战斗。当其他生物抢占着食物时，远古时代的猎人和狩猎者如果不去妒忌，那他们便会被群体所排斥，在极端的情况还会被活活饿死。我们就是这些人的后代——这些妒忌者的后代，只是我们妒忌的不再是生死攸关的事情。我的邻居买了辆保时捷，这不再意味着我会损失什么。

当我又一次出现妒忌的征兆时，我妻子平静地对我说："你只可以妒忌之前你自己做过的事情。"

39 为什么你宁愿读小说也不想看统计数据

心智理论效应

1991 年以来，美国媒体都被禁止展示阵亡士兵棺材的照片。2009 年 2 月，当时的美国国防部长罗伯特·盖茨取消了这一禁令——因为照片在网上铺天盖地地流传，已无法阻止。尽管死者家属对于照片公开表示理解，但这一禁令的取消在媒体中却没有得到贯彻。那究竟为什么要禁止展示棺材的照片呢？是为了让战争显得不那么糟糕。但一场战争所造成的牺牲者数量，人人都可以在伤亡统计数据中查到。只是我们对统计数字的反应是冷淡的，对于人本身的反应——尽管是对已经去世的人——却相反带着很大的感情。

这一原因是：我们在原始社会只能以群居的方式生存下来。因此在人类进化的过程中，我们对其他人如何思考、如何感觉已经形成了精细的感受，科学上称之为“心智理论”。对此可以做一个实验：我给你 100 欧元，你必须把这笔钱分一部分给一个陌生人，你来建议分配的比例。如果陌生人同意这个比例，那么就分了这 100 欧元；如果陌生人不同意这个比例，你就必须把这 100 欧元还给我，等于谁也没有拿到钱。那么你会建议以什么样的比例来分配呢？

按道理来说，可以给陌生人很小的一部分，比如 1 欧元。因为对于陌生人来说，1 欧元也比什么都没有要好。但 20 世纪 80 年代，当经济学家在进行这个“最后通牒博弈”（这是其在科学研究上的名字）实验时，参与实验的人完全是另外的想法，他们建议给自己对面的陌生人的分配比例在 30%到 50%之间，并认为在 30%以下是不太公平的。这一“最后通牒博弈”是“心智理论”最清楚的证明：人们会去感受对面的人的想法。

但如果对游戏做出微小的改动，就会使大部分参与实验的人不再有这种大方的想法。参加游戏的两个人被分在不同的房间，人们看不到那个陌生人而且之前也未见过，这样就不会去体会对方的感觉了。对方变得抽象，参加实验的人所建议的分配比例也下降到了 20%以下。

心理学家保罗·斯洛维奇在一个实验中请人们进行捐款。斯洛维奇对第一组展示了一张来自马拉维的孩子洛其亚的照片，他骨瘦如柴，眼中带着哀求，这一组的人均捐款是 2.5 美元。斯洛维奇给另外一组展示了马拉维的饥荒统计数字——有超过 300 万的儿童营养不良。但这组捐款的数额比第一组下降了 50 个百分点。这个结果是令人吃惊的：理论上第二组捐赠的数量应该比第一组多，因为统计数字展示了灾难的真实程度。但人们不是这样理解的，统计数字使我们觉得冰冷，而人本身却不会。

媒体早就明白用事实报道和大块图表不能吸引读者，所以业界的口号是：文章不能没有标题，人物不能没有头像！如果文章是关于股票的，那么就会在中间位置放上这家公司总裁的照片（根据交易行情选择是微笑还是忧虑的表情）；如果文章是关于一个国家的，那么就会印上其元首的照片；如果是关于地震的报道，那就要贴出受害者的照片。

这种“以人为本”的现象也解释了最重要的文化虚构产物——小说——的成功原因，这一文学体裁只将人与人之间的矛盾和人物内心的矛盾集中在了少数个体上。关于美国新英格兰地区清教徒的心理折磨方法本来都可以写一部博士论文了，但我们今天只在读着纳撒尼尔·霍桑的《红字》；关于人到30岁时易患的抑郁症？统计学上只是一串数字排列，但写成小说却让人难以忘记——就像斯坦贝克的小说《愤怒的葡萄》里所描述的。

结论：当有人给你介绍某个人物命运时，请你谨慎一些。请你问问其背后的事实和统计数据。你不会因此对这个人物的命运感同身受——但你至少可以了解到真实的背景信息；相反如果你不是听众，而是肩负着感动、震撼、激励他人的任务，那你就应该让事情以鲜活的形象出现。

40 为什么危机很少会是机会
“没有杀死我”谬误

我10年前刚认识桑德拉的时候，她是个尽情享受生活的人，迷人、聪明又年轻。和她相比，任何理论说教都显得黯淡无光。她后来嫁给了一位会计师——当然后来发生的事情跟这一职业本身没有关系。两年之后，桑德拉患上第五类乳腺癌，也就是最严重的那一种。在她化疗期间老公出轨，桑德拉便得了抑郁症，之后她每做一份工作都不会超过6个月。如今的她和之前相比，就是个可怜的影子。前不久我去拜访她——她已经离婚，一个人生活，她说：“我那时徘徊在死亡边缘，但你知道吗，既然它没能打败我，就会使我变得更强大。”我还从未听过如此错误的想法。

马丁是一位企业家，他生产笔记本电脑包。在他的公司成立5年之后，突然出现了一个竞争对手，抢走了他的顾客。他们的产品相似，但竞争对手的营销策略更胜一筹。马丁不得不辞退了几乎所有的员工，银行也撤销了对公司的信用贷款，他只能通过私人负债来支付到期的利息，企业几近破产。现在马丁的企业恢复到了危机之前的状况，他说："我们学到了很多，现在从危机中走了出来，变得更加强大。"从危机中变得更加强大？

"那些未能杀死我的，将使我更坚强。"这句话是尼采说的，但这个道理是错误的。一次危机不会使公司变强，而是会削弱它：损失了客户，媒体给出负面评价，最优秀的员工离开，库存上升而现金减少，银行信用担保额提高。但我们却打算从这里看到积极的一面。

这一错觉是如何产生的呢？请你试着从概率的角度思考，也就是去思考可能性。人们挺过了一次危机，其实凭的仅仅是运气。假设在一次经济危机发生时，人们列出 1 000 个电脑包供应商，并追踪他们的经营结果。那么统计数据分布会是怎样的呢？大多数都会破产，有一些会保持原有状况，只有很少几个供应商的生意会变得更好。挺过来的人觉得是在危机中变得强大，但这只是表面上的错觉。从整体上来看，危机就是危机，不是什么强化过程。人们只是很容易忘记在危机中还会走向失败（或者说可能走向失败）。

我有一个朋友发生了摩托车事故，这一事故把他变得更强大了吗？他认识到了骑摩托车的危险，并把自己的摩托车卖掉。这么做是对的，但其实看一看统计数据就可以知道骑摩托车的危险，他本来就不必经历一次与死神擦肩而过的情况。很多人都说："危机对我是有帮助的，我现在的生活完全改变了。"这能让人理解，但生活的改变（更少压力、更少对金钱的追求、履行责任等）其实在危机发生前就可以实现。通过一次事故、一场大病或一次崩溃而获得认识是最悲惨——恕我直言——最愚蠢的方式。如果新的生活方式在今天显得有意义，那么在之前也应该是有意义的，我们当时没有意识到？那只能说是之前懒于思考或者意志不坚定。

认为糟糕的事情可以带给我们益处是种错觉。一场大病，也许是种经历，会给身体留下痕迹，但身体不会比生病之前更健康；一次事故或一次崩溃也是同样的道理。有多少士兵在战争结束后变得比之前更强大？如果经历了福岛海啸或卡特里娜飓风，人们会在未来变得更强？人们有了这种经历之后，与其安慰自己这可以带来益处，还不如让自己搬离危险区。

结论：如果一位总裁宣布，其公司从危机中变得更强大，那这意味着要更谨慎地看待这家公司的经营状况。实际情况可能和他说的正相反。至于桑德拉，我让她继续沉浸在她自己的错觉中，这种错觉会让她觉得她的生活比实际看来的美好很多。

41 为什么你偶尔应关注焦点之外的内容

注意力错觉

在英国南部大量降雨之后，布里斯托尔附近的莱亭顿镇的河流淹没了河岸，警察封锁了浅滩，也就是浅水区域。之前交通工具是可以在浅滩通行的，现在浅滩挂上了绕行的信号。封锁持续了两周，但每一天都至少有一辆汽车会开过警示信号，开进湍急的河水中。因为这些司机都在专注于导航系统，没有看见他们前方的警告。

20 世纪 90 年代，哈佛大学的心理学家克里斯托弗·查布里斯和丹尼尔·西蒙斯为两组女学生互相传接篮球拍了录像。一组女生穿黑色 T 恤衫，另外一组穿白色的。这一视频在 YouTube 上输入“The Monkey Business Illusion”就可搜索到，如果你现在可以上网，那就不要再往下读，先去看看这个视频吧。

当时参加实验的人要求看着这一视频数出穿白色 T 恤衫的女生接了多少次球。在视频中间发生了很奇怪的事情：一名装扮成大猩猩的学生走到运动场中间，猛拍自己的胸脯，然后溜之大吉。在视频播放结束后，参加实验的人被问到是否注意到了不寻常的事情，也就是是否看到了大猩猩，有一半的人惊讶地摇头，大猩猩？什么大猩猩？

这一“看不见的大猩猩”实验是心理学上最著名的实验之一，验证了所谓的“注意力错觉”：我们认为没有错过任何在视野范围之内发生的事情，但实际上我们只看到了自身所关注的部分——在这个实验里是接球次数，而我们没有关注的内容可能就像大猩猩那样外形庞大而且显眼，但它却在我们眼皮底下溜走了。

“注意力错觉”有可能会导致很危险的情况，例如在开车的时候打电话。通常情况下这是没有太大问题的，讲电话不会对你驾车行驶有任何负面影响，也就是汽车行驶在行车道中，如果前车刹车，你也跟着刹车。但如果一个意外的情况发生——比如有个孩子横穿马路——那么司机就没有足够的注意力来做出反应。研究表明：开车时打电话会使反应速度下降很多（相当于酒驾时的反应速度），而且无论是手握手机还是使用车上的对讲装置，结果都一样，司机对道路上的突发情况已经没有了反应力。

也许你知道一个英语词组“the elephant in the room”（房间里的大象），人们用它来描述人人都不愿谈论但又显而易见的话题，相当于一种“禁忌”。让我们来换一个表达——“看不见的大猩猩”：一个非常重要、极其急迫的话题，人们本应重点讨论它，但却没有人注意到它。

请你看看瑞士航空的例子：他们致力于公司的扩张，却忽视了燃油市场紧缩的情况。或者再看看银行损益平衡的危机——在

2007 年都没有人注意到，而一年之后整个金融系统出现崩溃。所有这些在我们眼皮底下跳来跳去的“大猩猩”仍是无人关注。

这不是说我们完全不去关注异乎寻常的事情，通常情况是：我们会关注那些引起我们注意的异常情况，不会去关注那些没引起我们注意的异常情况，而且也没有提示我们没有意识到哪些情况。于是我们就产生了很危险的错觉，以为注意到了所有重要的事情。

因此，你要不断排除这种“注意力错觉”，要使自己去面对所有可能的和看上去不可能的场景。有什么意料之外的事情会发生？在媒体关注的焦点之外还有什么情况？在这些焦点背后还有什么情况？有哪些内容大家都没有提到？对哪些方面大家异常沉默？请你思考这些别人想不到的内容。

结论：有些异常情况也许特别夸张、特别奇怪，但我们也可能忽视它。夸张和奇怪并不是获得注意力的保证，我们必须要考虑到它们。

A
LT

42 为什么大话也有说服力

策略性虚报

假设你在申请一直以来梦寐以求的职位。你把简历做得极为精彩，你在面试中描述了自己的能力和成功经历，并有意地回避了一些缺点。这时你被问到，能否将营业额提升 30%的同时将成本降低 30%。你平静地回答："这是没有问题的。"即使你在心里哆嗦地问自己这怎么可能实现，但你要先争取赢得这一职位。首先是工作职位，然后再想具体的实现方法。因为你知道：在一定程度上，诚实的回答会将你淘汰出局。

假设你是一名记者，有一个很宏伟的计划来写一本社科类的书，主题正是人人都在谈论的内容。你找到了一名出版商，他同意支付给你一笔可观的预付款，但需要你提供一个完稿时间。出版商摘下眼镜看着你问道："我可以在什么时候拿到稿子，6 个月你能完成吗？"你倒吸了一口气，因为你没有一本书不是用 3 年以上的时间完成的，但你的回答是："这是没有问题的。"你肯定不想骗人，但你也知道如果说实话就拿不到预付款。等到合同白纸黑字地签订，预付款也汇到了你的账户时，你可以和出版商商量将交稿时间往后推迟一点——找些聪明的借口。

以上这两种情况就属于“策略性虚报”。情况越复杂，假话就会说得越夸张。但这种“策略性虚报”不是在任何地方都适用。比如你的眼科医生向你许诺了 5 遍，会把你的视力恢复到最好的状态，但每次手术之后你看得越来越不清楚，那么总有一天你不会再把他说的话当真。但如果是一次性的，“策略性虚报”还是有效果的。比如在求职面试中，同一家公司不会雇用你两次——要么聘请你，要么不再考虑你。

“策略性虚报”最适用的情况有：（1）大型的项目，没有人能承担完全责任（比如政府委托的项目，但政府已经换届）；（2）与很多企业相关联的项目，可以互相推诿；（3）需要很多年才能完成的项目。

没有人比牛津大学的本特·弗林夫伯格教授更了解大型项目了。为什么在这些项目上总会发生成本超支和延期？不是因为项目没有得到最好的经济支持，而是因为人们只注重将书面计划做到最好看。弗林夫伯格称之为“颠倒的达尔文主义”。谁能把表面功夫做到最好，谁就能拿到项目。这难道是说“策略性虚报”是无耻的谎言吗？那女人们化妆是在撒谎吗？男人们租着保时捷来吹嘘自己的经济实力是在撒谎吗？其实这些也算是在撒谎，只是我们会自动忽略这类谎言，同样我们也会自动忽略“策略性虚报”。

在很多时候，“策略性虚报”是没有害处的，但在一些重要的情况下则不然（例如之前提到的你的眼睛或你将要雇用的员工）。因此，当你和一个人（求职者、作家、眼科医生）共事时，你不要注重他说了什么，而是要看他在过去做了什么。如果是和项目有关的话，你要注意可比较的其他同类项目的持续时间、收益和成本，并要求对方解释为什么他的计划更合适，另外还要把计划交给银行家，让他们毫不留情地挑毛病。最后你要在合同中加入一项条款，规定好发生成本超支和延期的高额罚款额度，而且为了安全起见要把罚款汇到可以限制取款的账户里。

43 为什么有时候你应该跟着感觉走
想得太多

从前有一只很聪明的蜈蚣，它从一个桌角看到另外一张桌子上放着一小块糖。像以往一样，它又聪明地思考着应该是从左面还是右面的桌腿爬过去，到另外一张桌子时是从左面还是从右面的桌腿爬上去。接着它又思考先迈哪只脚最合适，剩下的脚以什么顺序跟上，等等。它采用了数学方法，计算了所有的可能性，然后选出了最好的方案。最后它终于迈出了第一步，但是它却没能到达终点，因为它饿死在路上了。

1999 年的英国高尔夫球公开赛上，让·范德维德发挥得非常好，他带着三杆的领先优势到了最后一洞。他本可以毫无压力地再出两杆，最后肯定会赢，简直轻而易举！成为世界冠军就是几分钟的事情，只要保守地击球就没有问题。但当范德维德挥动球杆时，他的额头开始冒汗，他像个新手一样击了球，球被打进了灌木丛——距离洞口几乎有 20 米远。范德维德变得更加紧张，接下来的几杆也没能打好，他先把球打进了齐膝的草地里，接着又打进水里，最后打进了沙子里。他的身体动作突然开始像个初学者——最后他终于将球打到了球洞附近的草地上，然后——在7次尝试之后——将球打入洞里。范德维德输掉了英国公开赛，这是他事业的暂时终结点。

乔纳·莱勒在他的著作《为什么大猩猩比专家高明：如何让大脑帮你做出正确的选择》（*How we decide*）中描述了“想得太多”的危险。20世纪80年代，美国的消费杂志《消费者报告》请有经验的品尝家测评了45种不同的草莓酱。几年之后，心理学家蒂莫西·威尔逊和他的两组学生也一起品尝了这45种草莓酱，他让第二组的学生比第一组的多填写一份调查问卷，这份问卷要求学生将其评分的原因进行详细的阐述，这样一来生成的草莓酱排名顺序和之前专家测评的结果完全不同，一些最好的品牌得了较差的分数。

结论：如果人们想得太多的话，就会阻碍了大脑中感性的智慧。这听上去很奇怪，但实际却是如此，因为感性和清晰的理性思维一样也是由大脑产生的。感性对于理性来说，只是信息加工的另外一种方式——是一种更为原始的方式，但却不一定比理性思维差，反而经常会比理性思维更好。

这时有人会问：什么时候人要理性思考？什么时候要“跟着感觉走”？我们有个简单的法则：如果是很熟练，尤其是已自动掌握的能力（例如蜈蚣、范德维德），或者是我们已经回答了上千次的问题（沃伦·巴菲特将这种情况称之为“能力圈”），那最好不要去思考，思考会将直觉可以找到的解决方案不必要地破坏掉。

这同样也适用于从我们石器时代的祖先就决定下来的事情：对食物的感觉、对朋友的选择或者是谁可以信任的问题。对这类事情我们可以用比理性思考明显更好的情绪激发来处理。相反对于复杂的情况，对于人类进化史上还未有过的情况（比如投资决定），那么理性的思考是对你有帮助的，这时逻辑就要比直觉更有用。

数学教授巴里·马祖尔曾讲过一个故事："几年前，我曾考虑是否搬到哈佛大学里居住，我不停地缠着我的朋友们问他们这个问题。最后有一个人说，'你是决策学理论的专家，也许你应该列出一个优缺点的清单，进行评估并计算出预期的益处。'我连想都没想就脱口而出，'拜托，我在和你说很严肃的事情！'"

44 为什么你打算做的事情过多

计划谬误

如果你在早上订出一份任务清单，有多少次你在当天晚上就完成了所有任务？或者在两天之内完成？在一周之内完成？如果你的做法和其他人一样，那你也应该是在 20 天后可以把任务清单上的事情全部完成。

你打算要做的事情太多了，多得简直荒唐。如果你是第一天来到这个星球，这么做是可以被原谅的。但你制作任务清单也至少有几年了，我们可以认为你对于自己完成任务的能力认识得越来越清楚——这不是没有根据的结论，因为在其他方面你肯定也在积累经验，那为什么不在制订计划时考虑到这一点呢？尽管你知道之前的大多假设都太过乐观，而你却依然严肃地相信，今天可以例外地完成清单上的任务。诺贝尔奖得主丹尼尔·卡尼曼将这种现象称为“计划谬误”。

在大学的最后一个学期，学生通常要完成毕业论文。加拿大的心理学家罗杰·比勒和其研究团队向毕业班的学生提了两个问题：学生要说明自己“实际”可以提交论文的时间，以及“无法完成”的时间。结果只有30%的学生按照“实际”的日期交上了论文。学生们平均需要比“无法完成”的时间多一倍的时间完成论文。

当人们彼此合作时，“计划谬误”会更加明显——特别是在经济界、科学界和政界。人们经常会高估时间需要和益处，而且相应地自动低估成本和风险。贝壳状的悉尼歌剧院是在1957年计划进行建造的，目标在1963年完成，成本700万美元，但歌剧院直到1973年才完成——成本1.02亿美元，是原计划的14倍！

为什么我们无法按时完成计划呢？第一个原因：期望，我们想要成为把所有计划都实现的成功人士；第二个原因：我们太过专注于项目本身，而忽略了可能影响项目进程的意外情况。纳西姆·塔勒布在他的著作《黑天鹅》中描述了一个拉斯维加斯的赌场是如何完美地预算风险和赢利，但却发生了使赌场几乎破产的三件事。首先是一位明星在一场演出中被老虎攻击，赌场损失了几亿美元；其次是一名员工因为疏忽丢失了纳税申报单，险些使赌场的经营许可证被吊销；最后是赌场老板的女儿被绑架，老板为了凑齐赎金，动用了赌场的资金。这样的三件事当然不会被人预知，但这就是会破坏我们计划的意想不到之事——即使有时不像这三件事那么富有戏剧性。我们每天的计划也会出现这样的情况：女儿突然被一根鱼刺卡到了，汽车电池突然失灵了，或者对房子的投标突然有了结果，必须马上进行谈判。

更加细致地制订计划是解决这一问题的办法吗？不是。更加细致的计划甚至会使“计划谬误”更加严重，因为这样对项目本身的关注会更加集中，对意外情况的考虑会更少。

那我们应该做什么呢？应该向你过去的经验请教。不要把你的目光停留在内部——即你的任务本身，而是要朝向外部，参考之前类似的情况。如果类似的项目持续了 3 年，成本是 500 万美元，那么你的项目也可能会是这个情况——这与你如何仔细地制订计划没有太大关系。而且很重要的一点是，你要在项目即将被通过之前，召开一个所谓的“最后期限”会议。美国的心理学家加里·克莱因建议人们将团队召集起来在会上讲述如下的一小段话：“请你想象一下一年后的今天，我们将目前制订的计划实现了，但结果很糟，请你用 5~10 分钟假设出一个糟糕的结果。”团队成员虚构出的故事会给你提示，情况有哪些发展的可能性。

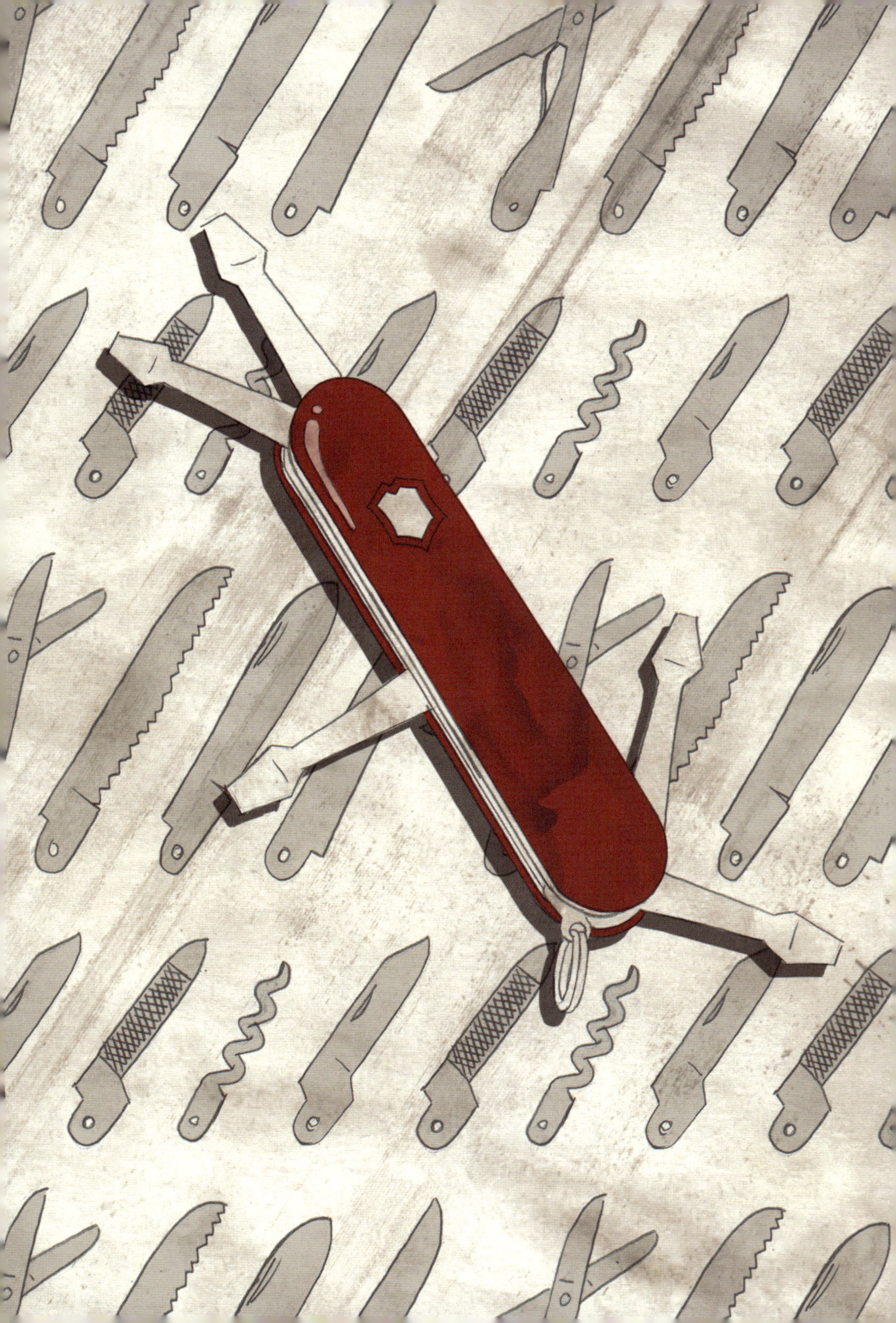

45 为什么拿锤子的人会把一切看成钉子

专业偏见

一位男士申请银行贷款，成立了一家公司，但不久公司倒闭，他在绝望之中自杀了。对这个故事你有什么想法？作为经济学家，你想要弄明白为什么这家公司的经营理念没有奏效：是这个人不会经营吗？是策略有误还是市场份额太小，或是竞争太激烈？作为市场营销专家，你会猜测这位男士对目标群体的定位不准。如果你是金融专家，你会想贷款是否是正确的融资工具。作为地方报纸的记者，你肯定意识到了这个故事吸引眼球的卖点：幸亏他自杀了！如果你是作家，你会思考怎么把这一事件写成古希腊式的悲剧。同样银行家会认为这是负责贷款的部门犯了错误，社会学家会相信这是资本主义的失灵，虔信主义者会认为这是上帝的惩罚，精神病医生会认为这是血清素低的反应，那么哪一个才是“正确”的视角？

其实一个都不是。马克·吐温曾说：“如果你唯一的工具就是把锤子，那么你会把所有问题都看成钉子。”这句话是对“专业偏见”最好的概括。查理·芒格根据马克·吐温的话将这种现象称为“拿锤子的人”。他说：“人们经过培训会成为经济学家、工程师、营销经理、投资经理等，人们了解了一些其专业领域的思维模式后，就到处试着将所有遇到的问题用这个模式来解决。”

外科医生希望对每个医学问题都通过外科手术来解决，尽管用更保守的治疗方法就可以治好；军人都会先想到用军事手段解决问题；建筑工程师会先想到施工上的方法；趋势分析家会把所有视为存在着的趋势（顺便说一句，这是世上最愚蠢的视角之一）。总之，如果被问到一个问题的实质，人们大多会按自己最擅长的领域的思维模式去解释。

这种情况很糟糕吗？一个鞋匠专注于他的领域，这不是很好吗？其实“专业偏见”的危险在于，自己专业领域的方法对解决问题不适用。谁都知道女人在做了母亲之后会把自己的丈夫像孩子一样对待；老师会像训斥学生那样训斥自己的朋友；自从Excel表格被广泛应用之后，我们在不需要使用Excel表格的情况下也会去用——比如评估刚起步的公司或者评估我们通过婚介认识的相亲对象。

即使在自身的专业领域，“拿锤子的人”也有将锤子过度使用的趋势。图书审查员被训练去发现作者所有的提示、象征和隐语。自从我开始写小说，我才知道他们还会去发现根本不存在的提示、象征和隐语——这使我想到了经济新闻记者，他们会从一位银行家无关紧要的几句表达中察觉到货币政策变化的暗示。

结论：我们的大脑不是中央处理器，对它更合适的比喻应该是带着很多专用工具的瑞士军刀，可惜我们的大脑不是一把完整的军刀。每个人都是其不完整的思维模式的囚犯，所以请你再为它加上两三个额外的工具——即你自身专业领域之外的思维模式。我在最近几年使自己增加了世界生态学方面的视角，于是对很多复杂的系统有了新的了解。我的一个朋友是音乐家，他使自己增加了经济学方面的视角。请你思考一下，你对哪个领域一窍不通，然后你可以学习在那一领域的思维模式，大概需要一年的时间才能掌握新领域中最重要的思维模式，但这是值得的。你的瑞士军刀会拥有越来越多的专用工具，你的思路也会因此变得更清晰。

46 为什么计划使人感到安心

蔡格尼克记忆效应

柏林，1927 年。几个大学教授和学生一起去一家餐馆吃饭。一名侍者听着每个人点的菜，包括特殊的要求，但他没有做任何记录。一桌子的人都觉得他到时候肯定会记错，但最后侍者把菜品和饮料准确无误地端了上来。

饭后他们离开餐馆走在大街上，这时来自俄罗斯的心理系学生布尔玛 · 蔡格尼克发觉她把围巾忘在了餐馆里，于是返回餐馆，找到那位记忆力超群的侍者，向他询问自己的围巾。那位侍者不解地望着她，完全不知道她是谁，也不知道她刚才在哪张桌子用餐。“你怎么能忘了呢？”布尔玛愤怒地问，“你不是记忆力特别好吗？”那名侍者简短地回答：“我对每位客人点的菜只记到菜被端上桌为止。”

布尔玛 · 蔡格尼克和她的导师库尔特 · 莱温研究了这一奇怪的情况，并得出了结论：我们其实都或多或少像那名侍者那样，很少忘记未完成的任务。这些任务总会出现在我们的意识里，不会放过我们，像小孩子那样纠缠着我们，直到我们去注意它们；而已经完成的任务则会很快从我们的记忆中消失。人们将这一现象称为“蔡格尼克记忆效应”。但在她的研究结果中，还有一些不那么和谐的偏差值：一些人始终有着清醒的头脑，即便有很多未完成的任务。

直到最近几年，佛罗里达州立大学的罗伊·鲍迈斯特和其研究团队才将这层面纱揭开。鲍迈斯特把在几个月之后将面临很难的毕业考试的学生分成三组：第一组学生要集中地想着学期中的一个聚会，第二组学生要集中想着毕业考试，第三组学生要集中想着毕业考试并且自己制订出具体的学习计划。接着鲍迈斯特让学生在有限的时间内根据“pa”来造词。一些学生拼出了“panic”，另外的学生可能拼的是“party”或“Paris”，这是一种很好的方法来发现学生无意识中在想着什么。

正如预料的那样，第一组学生几乎没人想着即将到来的考试，第二组学生除了考试之外几乎想不到其他内容，令人惊讶的是第三组学生，尽管他们集中地想着毕业考试，但他们的头脑很清醒，没有沉重的思想负担。通过其他的实验也证明：未完成的任务一直会追着我们不放，直到我们有了明确的完成任务的计划。布尔玛·蔡格尼克误以为人们一定要完成任务才能将其从大脑中清除，但这不是必须的，一个很好的计划就足够了。这个结论令人吃惊，因为从人类进化的角度来看这是难以理解的，计划制订者被放在了与问题解决者同等的位置上。

戴维·艾伦是美国一名时间计划管理人。他的明确目标是：

头脑要像水一样清明。这不是说人们在一生中每时每刻都要去清空大脑，而是说人们要对还未完成的事情列出一步一步的具体计划。最好是书面的，当所有计划被写下来并被划分为具体步骤时，我们内心才会平静。“具体的”这个形容词是重要的，“组织我妻子的生日聚会”或“寻找新的工作”是没用的。戴维 · 艾伦强迫他的客户将这样的任务分解成 20~50 个单独步骤。

幸运的是你不必去支付艾伦很高的报酬来学习，自己就可以做到这一点。当你下一次不能入睡时，你就会知道原因了。把你的笔记本放在床头柜上，简单地写下行动计划可以让你内心的杂音平息。艾伦说：“你想感召上帝，但你的猫粮还在困扰着你，让你无法平静，那你就赶紧制订一个计划解决这个问题。”这个建议对你是有帮助的，即使你已经感召了上帝或者根本没养猫。

47 你坐哪条船比你划桨的艺术更重要
能力错觉

我们有史蒂夫·乔布斯，有理查德·布兰森和埃隆·马斯克，但他们是少数中的少数：成功的公司创立者在所有公司创立者中占的比例不到1%。是因为所有成功的企业家都像微软的联合创立者保罗·艾伦一样回到自己的私人游艇上去了吗？应该不是这样的。认识创业者的人都知道，他们无法忍受长时间无所事事。那是因为他们直到65岁都还放不开自己创立的公司吗？也不是这样的。大多数的公司创立者都在十年之内卖掉了自己的股份。其实我们必须要承认，这些人以他们的能力、关系网和声望，有着继续创建新公司的最好武器，但为什么他们只创业一次呢？只有一个答案：运气比实力更有决定性。每个创业者都不想听到这句话。当我第一次听说“能力错觉”这个概念时，我的反应是：“什么？我的成功纯粹是偶然？”当人们很辛苦地为了成功而打拼时，听到这个概念会觉得受到了侮辱。

但我们要保持清醒：有多少企业的成功是靠运气，有多少是靠辛勤的工作和卓越的才华？这个问题容易引起误会。成功肯定离不开天赋，离不开辛勤的工作，但能力和勤劳不是决定能否成功的条件——它们是必要的，但不是决定性的。为什么这样说呢？我们可以做个很简单的测试：只有一个人的成功可以长时间的维持，而且他要比能力稍逊于他的人在长时间内更成功，才能说明能力是具有决定意义的。但从实际情况来看，大多数创业者不是这样，否则他们中的大多数人在第一家公司创立成功之后，就应该毫无问题地使第二家、第三家、第四家公司获得同样的成功。

那对于经理们来说这是种什么情况呢？他们对一家公司的成功有多大的决定意义？研究者将经理们的性格特征、行为举止以及公司价值升值之间的关联性进行了计算，结果是：如果人们随意将两个公司进行比较，有 60% 的情况是较强硬的经理领导着较强大的公司，有 40% 的情况是较温和的经理领导着较强大的公司。比纯粹偶然情况的分布高了 10 个百分点。诺贝尔奖得主丹尼尔·卡尼曼曾说："很难想象，人们会争先恐后地购买商业巨头出的书，这些书的质量平均起来也只比偶然情况好了一点点而已。"沃伦·巴菲特认为对于总裁的美化是没有意义的："总裁的工作成果更取决于你坐在哪条船里，而不是你划桨的艺术。"

还有一些领域，能力是完全不起作用的。卡尼曼在他的著作《思考，快与慢》中描述了他拜访一家财产管理公司的经过。公司先寄给了他一份电子表格，上面是最近 8 年每位财产咨询师的表现，据此每位咨询师会有一个级别：一等、二等、三等，按照这样的降序排下去。这个评级一年进行一次。卡尼曼简单地计算了第一年与第二年评级之间的关联性，然后是第一年与第三年，第一年与第四年……直到第七年与第八年。结果他发现都是纯粹的偶然情况。咨询师有时排名靠前，有时会特别靠后。也就是说，历年评级之间是完全没有关联性的。但尽管如此，咨询师们还是会根据评级来获得奖金，也就是说，公司是依据纯粹偶然情况而不是依据付出来奖励员工。

结论：有些人是完全靠技能在生活，比如飞行员、铁匠、律师等；但也有一些领域尽管需要能力，但能力却没有决定意义，比如公司创立者、经理等；还有一些领域，纯粹偶然情况占主导，例如金融领域，在这一领域充斥着“能力错觉”的现象，也就是说你对铁匠应带着应有的尊敬，对于成功的金融玩家则不必认真。

48 为什么检验清单使人盲目
正面效应

有两列数列，数列A为：724，947，421，843，394，411，054，646，这一数列的共同点是什么？在你找到它们的共同点之前请先不要往下阅读。没错，这列的每个数字都包含数字4。数列B为：349，851，274，905，772，032，854，113，这列数字的共同点又是什么呢？在你找到它们的共同点之前也请先不要往下阅读。你会发现找第二列数字的共同点更难，答案是数列B的数字里都没有数字6。你从这个例子中认识到了什么呢？找到“不存在”要比找到“存在”难很多，换句话说，“在这里的”要比“不在这里的”更重要。

上周我在散步时，有个想法突然闪现：我几乎没有在经历着什么痛苦。我有点吃惊，因为这本来是个普通且显而易见的事实，于是我感到片刻的喜悦。从想起到再次忘记这种“不存在”是需要人们费一点精力的。

在琉森音乐节的一次音乐会上，乐团在演奏贝多芬的第九交响曲，大厅里人们的情绪都很激动，到了第四乐章时，一些人都流下了激动的泪水。当时我想，这首乐曲能存世是件多么幸运的事情。但真是这样的吗？如果没有第九交响曲我们会更不幸？这几乎是不可能的。如果第九交响曲从没有被谱写出来，不会有任何人去怀念它，也不会有人对剧院经理生气地喊着：“请你将这个交响曲立即谱写出来并演奏！”总之，存在的事物比不存在的事物对我们来说意义更大，科学上称这种现象为“正面效应”，可惜对此效应还没有相应的德语翻译。

疾病预防宣传就利用了这一效应。“吸烟会导致肺癌”比“不吸烟可以拥有没有肺癌的生活”能给人留下更深刻的印象。使用检验清单的会计师和其他专业人员容易受到“正面效应”的影响，一个缺少增值税的计算会被立刻发现，因为它是检验清单上的一项，但复杂的欺诈行为却很难被发现（例如安然公司、麦道夫欺骗了巴林银行的尼克·李森和欺骗了法国兴业银行的热罗姆·凯维埃尔等“魔鬼交易员”）。从这些人身上我们可以看到，这类金融骗局在检验清单上很难被发现。当然有时候也不一定是犯罪活动：房地产抵押贷款银行可以很精准地发现信贷风险有多大，因为检验清单上有这一项，却不会发现由于在附近建立垃圾焚烧装置而导致的房地产贬值。

假设你是一种不大可靠的产品——比如一种含有过量胆固醇的沙拉酱——的制造商，那么你会做什么呢？在包装上列出酱汁所含的 20 种维生素并且绝口不提胆固醇的含量。这种“不存在”不会引起消费者的注意，而正面的——存在的——特征确保了给人以可靠感。

在科学领域我们不断会遇到“正面效应”。对假设进行了求证可以发表著作，如果是卓越的成就还能获得诺贝尔奖，相反证明假设是错误的文章则不能在任何科学杂志上发表，而且据我所知也从未有人因此获得诺贝尔奖。但对科学假设的否定证明和肯定证明一样，都是有科学价值的成果。可由于“正面效应”，我们对于正面的推荐（你要做甲）比负面的推荐（你要放弃乙）更容易接受——而不论它们是否有意义。

结论：我们很少去考虑没有发生的事情，对于不存在的事物我们是盲目的。当战争的乌云笼罩时，我们会意识到它，但在和平年代，我们不会去想目前是没有战争的；当我们健康的时候，我们很少去想自己也可能会生病；我们走下飞机登上马略卡岛，绝不会因为没有发生坠机而吃惊。如果我们能够做到偶尔考虑下没有发生的情况，那我们会感到更满意，但这是种费力气的思考工作。这里最大的哲学问题是：“为什么是有什么，而不是没有什么？”你应该期待着快速的“不回答”，但其实这一问题是抵制“正面效应”的有效工具。

49 为什么会绕着箭画箭靶子

"挑葡萄干现象"

酒店在其网站上往往都会展示自己最好的形象。照片要经过精心挑选，只有看上去美丽又高贵的照片才会被放到网上。不美观的角度、房间里滴水的管道以及布置风格不协调的早餐厅等这类的照片会被排除在外。当然你是了解这种情况的，所以当你在破旧的酒店大厅登记入住时，最多也只会耸耸肩，因为你已经预料到了这种情况。酒店的这种行为被称为"挑葡萄干"，英文是"cherry picking"。这种踏入酒店不要抱有太大希望的心理，也会出现在你研究汽车广告册、房地产宣传册以及律师事务所的宣传册时。你了解这种模式，所以不会上当受骗。

但你对待公司、基金会和政府机构的业务报告就是另一种态度了，对于这些报告你期望的是客观表述。但这是错误的，因为这些机构也在"挑葡萄干"：把完成的目标夸大渲染，未完成的绝口不提。

假设你是位部门负责人。管理层请你介绍一下部门的现状，你会怎样介绍呢？你会用大部分演示文稿介绍成功的业绩，剩余部分描述现有的“挑战”，对于没完成的目标当然要掩饰。

“挑葡萄干现象”中一个相当棘手的情况是轶事传闻。假设你是一家生产技术设备公司的经理，一个具有代表性的调查显示，大多数用户不会操作你的产品，因为太过复杂。然后人力资源经理说：“我岳父昨天拿到这个产品后马上就会用了。”你认为这一“葡萄干”有多重要呢？重要程度应该为零。忽略这种轶事也不是容易的事，因为它就是一个很小的故事——而且我们知道大脑对于故事的抵抗力很弱。老练的管理者会在其事业发展中训练出对轶事的敏感，并对于要讲这种故事的请求直接枪毙。

领域越高端，就越容易掉入“挑葡萄干现象”的陷阱。纳西姆·塔勒布在他的著作《反脆弱》中描述了所有研究领域——从哲学到医学再到经济学——是如何来吹嘘自身的成果：“大学的研究擅长于告诉我们，他们为我们做了什么，而不擅长说出他们没能为我们做什么。”这就是纯粹的“挑葡萄干现象”。但我们对于学术机构太过尊敬，以至于没有注意到这种现象。让我们以医学界为例：告诫人们不应该吸烟是近 60 年医学界的最大贡献——比从第二次世界大战结束起所有研究和所有医学进步加在一起的贡献还要大。医生德吕恩·布奇在他的著作《医药的真相：别让药品害了你》（*Taking the Medicine*）中对此进行了证明。有些“葡萄干”（抗生素）就是在欺骗病人。可事实是：人们只会赞扬医学研究者而不会赞扬反对吸烟的人。

大型公司的决策者或者管理层会像酒店经理那样来吹嘘自己，

他们是展示自己取得了哪些成就的大师，但他们却不会展示他们没有取得哪些成绩。那我们应该怎么做呢？第一，如果你是这些公司监事会的成员，你一定要去询问那些没有挑出来的“葡萄干”，即询问失败的项目或未实现的目标。你能从这些情况而非成功业绩里了解更多。可令人吃惊的是很少有人会去问这样的问题。第二，与其聘请一大群财务审计将成本精确到几分钱，不如你自己来审查企业设定的目标。你会诧异地发现企业最初设定的目标都已经随着时间的推移不见了，人们在中途无声无息地换上了自己的目标——当然都是能实现的目标。所以当你听到“自己设定的目标”这样的话时，就应该在心中响起警钟。这就好比有人把箭射到一块木板上，然后绕着箭画出个箭靶子来。

50 石器时代对替罪羊的猎捕

单一因果谬误

克里斯·马修斯是微软全国有线广播电视公司（MSNBC）的明星记者。他在自己的新闻脱口秀节目中，会用几分钟的时间来连线和询问“政治专家”。我从来没能理解什么是“政治专家”，也不明白这样的职业有什么追求的价值。2003 年，美国进军伊拉克是新闻媒体的关注焦点，比专家的回答更重要的是克里斯·马修斯的问题：“战争的动机是什么？”“我想知道‘9·11’事件是否是这一战争的原因？”“你相信大规模杀伤性武器是战争的原因吗？”“为什么你相信我们已经进驻伊拉克？除了官方说辞，真正的原因是什么呢？”等问题。这些问题我已经听不下去，它们就是一种最常见的思维错误。很奇怪的是这个错误没有一个固定的名字，它被繁冗地定义为：单一因果谬误。

2003 年之后的 5 年——即 2008 年，金融市场充斥着恐慌。银行纷纷破产，不得不凭借国家财政拨款来支撑。政治家和记者们愤怒地质问着金融危机产生的原因：更松动的货币政策？投资者的愚蠢？靠不住的评级机构？被收买的会计师们？错误的风险模式？单纯的贪欲？这些都不是唯一的原因——而是加在一起构成了金融危机的原因。

这种错误是很常见的：迷人的秋日，从朋友圈子中退出，第一次世界大战，痤疮，在一所学校持凶伤人的案件，一家公司在全球范围的成功，文字的发明——每个头脑清醒的人都知道，这些事情不会仅有一个原因，而是有上百个、上千个甚至无数个原因，但我们总是试图将事情归结到一个原因上。

“当苹果成熟，它会从树上掉下来，为什么会掉下来呢？因为地心引力？因为它的茎干枯了？它的果肉腐烂了？因为它太沉了？因为风把它吹下来了？或者因为树下的男孩想吃它？这里面没有一个唯一的原因，而是所有原因综合所致……”托尔斯泰在《战争与和平》中是这样写的，他说到点子上了。

假设你是炸玉米片的产品经理，并在市场上刚刚发售最新的“有机—纤细—健康”型产品。一个月之后再也无法掩饰的是：销售额下降了！那你如何查清这一下降的原因呢？第一，你要明白这里面不仅只有一个原因，而是有很多原因。你可以拿一张白纸在上面写下所有导致下滑的原因，这些原因背后隐藏的原因你也要用这种方式表示出来，很快你就有了所有可能的影响因素的网状图；第二，标记出你可以做出改变的因素，把无法施以影响的因素划去（比如，人的天性）；第三，进行实验性的测试，在不同市场上按标出的原因进行策略的调整改动。这将花费很多金钱和时间，但也是从肤浅推测的泥沼中爬出的唯一方法。

单一因果谬误是由来已久的。我们都知道亚里士多德在2 400年前的观点，将人类视为“其自身行动的发起者”。现在我们知道，这是错误的。我们没有自由的意志，而是有成千上万相互关联而且引发行动的事实因素——从基因分布到教育水平再到每个单一脑细胞之间荷尔蒙的浓度，但我们却仍抓着最早的人类理解不放。这不仅是愚蠢的，而且在道德层面上也是可疑的。因为只要我们相信原因是唯一的，那么我们总能将胜利或灾难归结到一个人身上，将其贴上“应负责任者”的标签。这种寻找一个替罪羊的愚蠢狩猎极适合权力的行使——也是人们几千年以来一直在玩的游戏。

单一因果谬误是很受欢迎的，所以特蕾西·查普曼（美国女歌手）可以用它来奠定其全球范围的成功。她的歌《给我一个理由》（*Give Me One Reason*）帮她在事业上获得了重大突破，但是慢着——是不是还有其他这样的情况?

51 为什么开快车的人会开得更安全

意向性治疗谬误

开快车的人开车比所谓的“理智司机”更安全，这是为什么呢？从汉堡到汉诺威有 50 公里，我们将能在 1 个小时或更短时间内完成这段距离的司机划分到“开快车”的一组，因为他们的平均速度能达到每小时 150 公里或更快，余下的司机都归入“理智司机”这一组。那么哪一组发生的事故更少呢——开快车的一组还是理智司机的一组？很明显是开快车司机的那一组。他们都在 1 个小时之内行驶完这段路程，肯定没有司机卷入事故中，出事故的司机肯定都会减慢速度而被自动归入理智司机一组。这个例子出自很精彩的一本书《下蛋的狗》，这本书介绍了一个恶性的思维错误，即所谓的“意向性治疗谬误”，很遗憾对它没有更好的定义，也没有相应的德语表达。

最近一位银行家向我介绍了一个有意思的研究。研究结果表明，有大量负债的公司要比没有负债的公司更能赚钱，银行家强烈建议每个公司应有限度地负债——当然这对他的银行也有利。然后我仔细地看了这个研究，确实如此！从1 000个随机选取的公司中，有大量负债的公司不仅在其自有资本上有更高的利润率，在其总资本上也有更高的利润率，大量负债的公司在各个方面都比没有负债的公司要成功。这究竟是为什么？过了一会儿我终于明白了：效益不好的公司不会得到贷款，所以会自动被归入没有负债的一类，换句话说，负债的公司会比未负债的公司更快破产，而只要一家公司无力支付贷款利息，就会被银行接管并被低价抛售——结果就是这家公司不会再出现在该研究中。留在研究中的有负债的公司是相对情况良好的，而没有负债的公司缓冲期较长，不会很快破产，所以不管情况有多么不稳定，也会被列入该项研究。

如果你现在想："好啦，我明白了！"那么请你注意，"意向性治疗谬误"不是那么简单就能被认识的。举一个虚构的医学领域的例子：制药集团Novirus新研制了一种治疗心脏病的药片，一项研究"证明"，此药物显著降低了心脏病人的死亡率。这一点可以用数据说话：定期服用这一新药的病人5年中的死亡率是15%，还有一组病人服用了没有治疗效果的安慰剂，死亡率也是15%，但具有决定意义的是，未定期服用此药的病人的死亡率在30%——高了一倍！定期服药和不定期服药的差别很大，所以这一药物取得了巨大的成功。或许不是这样？

这里的陷阱是：药片也许不是决定性的因素，病人的行为才是。也许病人由于药片的副作用过大而停止服药，于是被划进了"未定期服药"的类别；也许病人病得非常严重，无法定期服药；而且也许“定期服药”的病人本身的健康状况相对良好一些——所以这种有争议的药物看上去比实际更有效。

在严肃认真的研究中，最初打算进行治疗（意向性治疗）的所有病人的资料都会被提取——无论这些病人是否参加了实验。可惜很多研究者并未遵循这一规则——我们暂且不论其是因为故意还是粗心。因此你应该开始行动：你要立即检查研究对象——比如发生事故的司机、破产的公司、重病患者——是否以某些原因为由悄悄地避开了作为样品数据，如果真是这种情况，你可以把那项研究结果直接扔进垃圾筒。

52 为什么你不应该读新闻

新闻错觉

苏门答腊的地震、俄罗斯的坠机事件、一个男人将自己的女人在地下室关了 30 年、海蒂·克鲁姆和席尔分手、德意志银行破纪录的工资报酬、在巴基斯坦发生的暗杀、马里总统的辞职、掷铅球的最新世界纪录，人们真的必须要知道这些事情?

我们的信息很灵通，但知道的很少，为什么呢?因为我们在 200 年前发明了一种有毒的知识类型：新闻，即世界各地的消息报道。新闻对我们精神的影响，就像糖对身体的影响一样：新闻是可口的，容易消化的——但长期下来却是有害的。

3 年前我开始进行一个实验。我决定不再阅读新闻，取消了所有报纸和杂志的订阅，把电视机和收音机从家中搬走，将苹果手机上的新闻应用程序删除，我不再碰任何一份免费的报纸，而且当飞机上有人在我面前阅读报纸时，我会有意识地看向别处。在最开始的几个星期这么做是不容易的，很煎熬，我总害怕会错过些什么。但在一段时间之后，我有了一种新的生活感觉。3 年之后，我的思维变得更清晰，见识更深远，可以做出更好的决定，有了更多的时间，而且最好的一点是：我从未错过什么重要的新闻。我的社交圈子——不是指脸谱网，而是现实中真正的朋友和熟人——起着新闻过滤器的作用。

回避新闻有很多的理由，我这里只说最重要的三个。第一，我们的大脑对于骇人听闻的、与人物相关的、喧闹的和变换快的刺激会有极为强烈的反应——而对于抽象的、复杂的、需要解释的信息则有着极为微弱的反应。新闻制作者便利用了这一点。吸引人的故事、显眼的图片和耸人听闻的“事实”会牢牢吸引着我们的注意力，结果就是所有构思缜密的、复杂的、抽象的和不易看透的内容都会自动地被隐去，尽管这些内容与我们的生活、与我们对世界的理解更加相关。所以说，为新闻消费的结果就是凭借一张错误的危机入场券在大脑中闲逛。花钱去看新闻的人会把大多数话题的重要性完全估计错误，他们在报纸上读到的那些危机不是真正的危机。

第二，新闻的意义是不大的。人们可以在过去的 1 年内看完大约一万则短新闻——每天约 30 则。请你很诚实地说出一则新闻，它使你能比以前做出更好的决定——对你的生活、事业或生意。没有人在我提了这个问题之后能说出 2 则以上的新闻——从一万则新闻中。多么可悲的比率。新闻机构要的是使你相信，他们给你提供了更具竞争力的优势，很多人就这样受骗了。实际上关注新闻不是什么竞争力的优势，而是种劣势。如果关注新闻真的可以使人们获得更多成功，那么记者早就应该站在收入金字塔的顶端了，但他们并不是这样。

第三，浪费时间。普通人因为新闻平均每周浪费半个工作日，从全球范围看来，这给生产力带来的损失是很大的。比如 2008 年在孟买发生的恐怖袭击，恐怖分子在残酷的自我满足欲望中杀害了 200 人。请你想象一下：平均一个小时有 10 亿人在关注孟买的悲剧，他们关注着这一新闻，听着电视上某些“专家”和“评论家”的喋喋不休。这是个很符合实际的推算，因为在印度有超过 10 亿的人口，但我们还是按照 10 亿保守地计算，10 亿人每关注一个小时加起来就是 10 亿个小时，换算过来就是：有 2 000 个人的生命被新闻消耗了——比恐怖袭击造成的死亡人数还多 9 倍，这个视角虽然很讽刺但也很现实。

消除掉这 100 多个思维错误和行动错误，与放弃新闻一样，可以给你带来的益处是显而易见的。你害怕没有新闻的生活会使你被朋友们排斥？你也许不知道在西伯利亚某处有飞机坠毁，但是你可以理解这世上深层次的而且往往不是一目了然的关联，你可以将这些与其他人分享。谈到你不看新闻的事情时你不要有顾虑，人们会很感兴趣地听你讲述。长话短说，请你放弃对新闻的消费，而且是全部。你可以阅读长篇的背景文章和书籍，因为如果想要理解这个世界的话，没有比读书更好的方法了。

致谢

在此我感谢科尼·盖比斯托夫，他熟练地编审了这些文章并对其做了最后的润色。我感谢汉斯-于尔格·鲁芬纳尔关于有意义的生活目标的机智讨论。没有一个人可以像纳西姆·尼古拉斯·塔勒布那样，与我进行思想上的交流（即使我与他之间隔着大西洋），我们每天关于明智思考和行动的对话是我生活中智慧的闪光时刻。我感谢ZURICH.MINDS组织的科学家们关于科学研究现状的讨论。我感谢汉泽尔出版社的马丁·雅尼克极为专业的合作。当然，我要感谢所有在这一优秀出版社工作的朋友——米歇尔·克鲁格、弗里西塔斯·法伊尔豪尔、赫尔曼·里德尔、加布里埃勒·尤及戈尔、玛丁娜·阿伦特、安娜·马克格拉夫以及其他所有为这本书和上一本书的成功做出很大贡献的人。我感谢超级代理人约翰·布罗克曼对于该书美国版和英国版的发行的贡献。如果我没有每周把自己的想法转化为文章的压力，这些关于思维和行动的错误就不会以图书的形式出版，所以我要感谢弗兰克·施尔马赫博士，是他将我的文章发表在《法兰克福汇报》的专栏上，乔瓦尼·迪洛伦佐和莫里茨·米勒-维特将文章发表在《时间报》上，马丁·施比勒将文章发表在《星期天报》（瑞士也有出售）上。我感谢画家埃·博霍和西蒙·施蒂勒为我的文章所绘的插图。编辑塞巴斯蒂安·拉姆斯佩克，鲍尔茨·斯波利和盖比·施瓦戈尔（三人都供职于《星期天报》），以及休伯特·施皮格尔博士（供职于《法兰克福汇报》）用他们的火眼金睛在这些杂文刊发前消除了所有错误和不明白的地方——在此我要表示由衷的感谢。经过多次编审之后出现在这里的一切文字，由我来承担责任。我最要感谢我的妻子莎宾娜·里德，她每天都在向我证明，“美好的生活”（亚里士多德语）更多是来自清醒的思考和明智的行动。